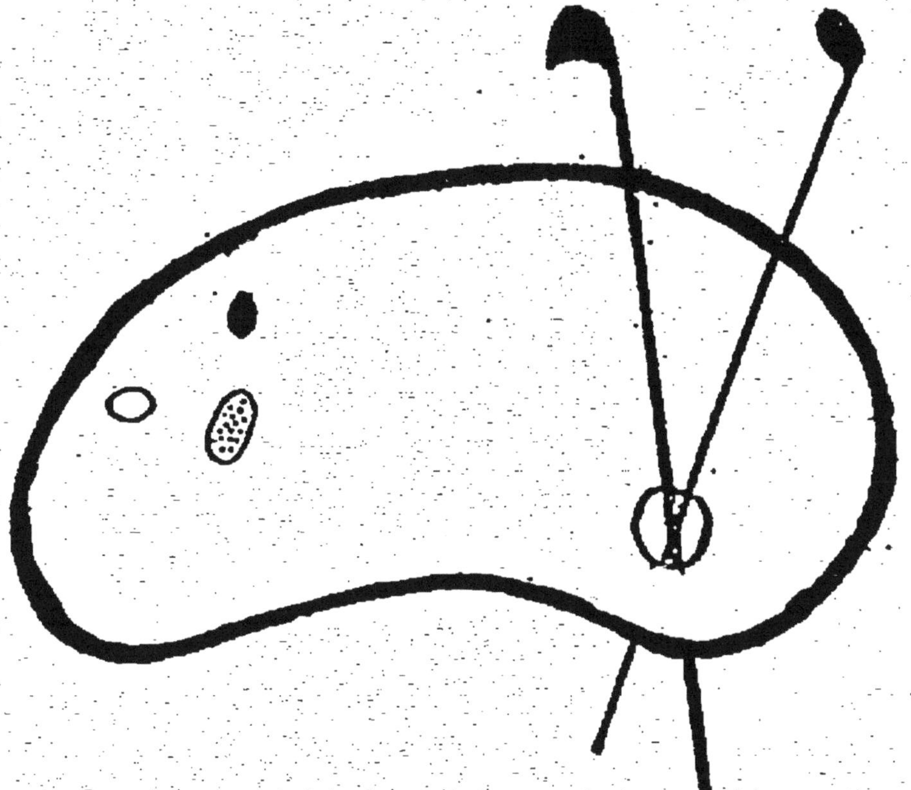

DEBUT D'UNE SERIE DE DOCUMENTS
EN COULEUR

DES
ORIGINES DU MONDE

ET

DES LOIS QUI LE RÉGISSENT

Etudiées à la lumière fournie par les sciences modernes.

Par A. DE PILLON DE SAINT-PHILBERT

Ancien élève de l'Ecole Polytechnique et membre de l'Académie des Sciences, Belles-Lettres et Arts de Rouen.

Nulla unquam inter fidem et rationem vera dissentio esse potest.

CONST. DE FID. CATH. CH. IV.

ROUEN

IMPRIMERIE LÉON DESHAYS

Rue des Carmes, 58

—

1881

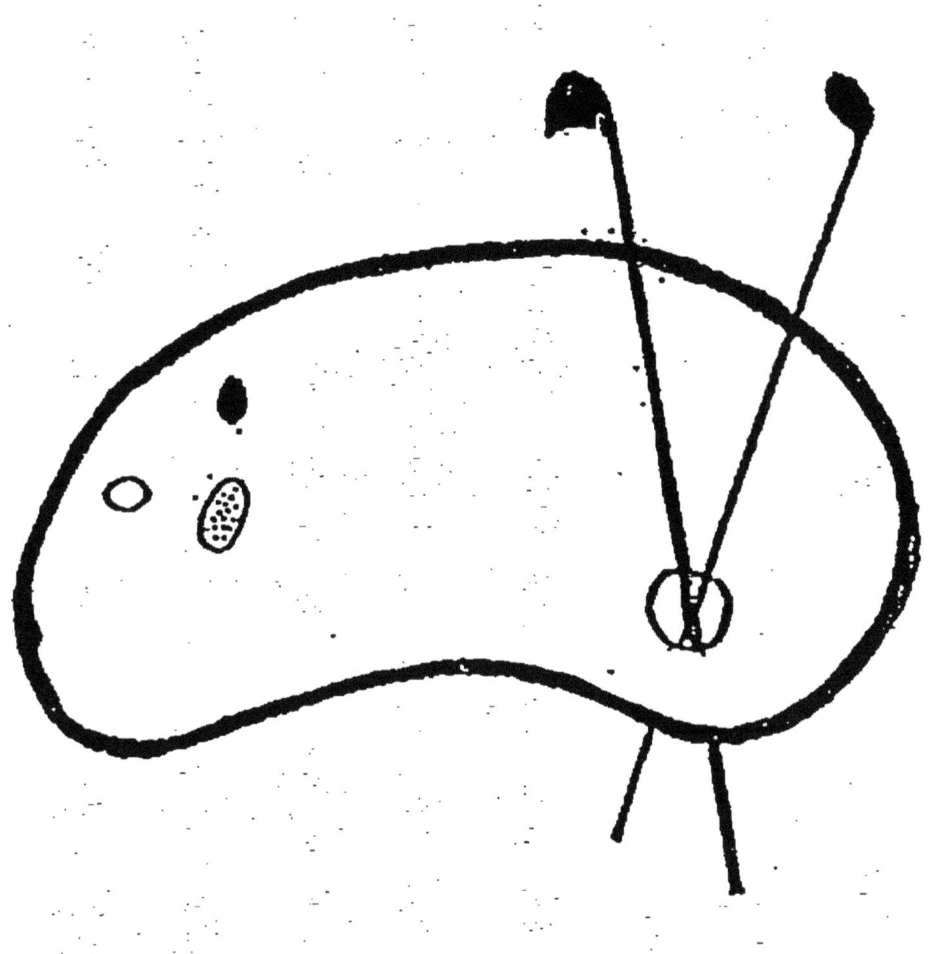

FIN D'UNE SERIE DE DOCUMENTS
EN COULEUR

DES

ORIGINES DU MONDE

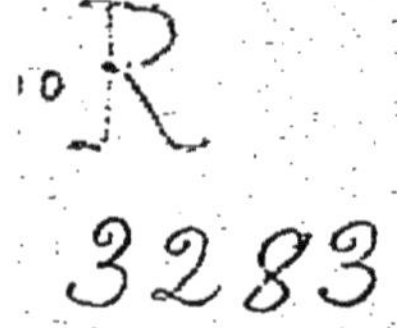
3283

DES
ORIGINES DU MONDE

ET

DES LOIS QUI LE RÉGISSENT

Etudiées à la lumière fournie par les sciences modernes.

Par A. DE PILLON DE SAINT-PHILBERT

Ancien élève de l'Ecole Polytechnique et membre de l'Académie des Sciences,
Belles-Lettres et Arts de Rouen.

*Nulla unquam inter fidem et rationem
vera dissentio esse potest.*

CONST. DE FID. CATH. CH. IV.

ROUEN

IMPRIMERIE LÉON DESHAYS
Rue des Carmes, 58

—

1881

INTRODUCTION

Les pages que l'on va lire, ne sont que la reproduction d'une conférence donnée par l'auteur au cercle catholique de Douai, et d'une lecture qu'il a faite à l'Académie des Sciences, Belles-Lettres et Arts de Rouen; sauf quelques retouches et l'addition de certains développements, dans lesquels le cadre qu'il s'était d'abord tracé ne lui avait pas permis d'entrer.

Plusieurs de ceux qui ont entendu cette étude l'ont jugée avec une indulgence peut-être excessive et ont insisté pour qu'elle fut imprimée, affirmant qu'elle pourrait être utile, comme vulgarisation du remarquable travail que le père Carbonnelle vient de publier dans la *Revue des questions scientifiques de Bruxelles*, et dont elle n'offre, cependant, qu'un reflet bien pâle et bien décoloré.

Nous avons cru devoir céder à ces demandes, plusieurs fois renouvelées par des hommes dont l'autorité a droit à tous nos respects.

Le lecteur appréciera s'ils ont eu raison, en affirmant que cette étude pourrait lui faire quelque bien et dissiper quelques préjugés.

DES ORIGINES DU MONDE

et des lois qui le régissent, étudiées à la lumière fournie par les sciences modernes.

I.

LA SCIENCE ET LA RÉVÉLATION.

AFFIRMER la concordance nécessaire de la foi avec la raison humaine, sur toutes les questions qu'elles éclairent simultanément, c'est reproduire une déclaration devenue banale pour quiconque se fait une juste idée de la nature même de ces deux éléments de certitude.

La vérité est une de sa nature et, sur une question déterminée, il est absurde de prétendre que le pour et le contre, le oui et le non puissent être indifféremment soutenus.

Si, dans quelques circonstances difficiles et particulièrement obscures, il semble au premier abord qu'il en soit ainsi, c'est parce que notre esprit, nécessairement borné, ne saisit pas la difficulté telle qu'elle se pose réellement. Il lui donne alors, sous l'empire d'une erreur dont il n'a pas conscience, plusieurs solutions, dont une seule peut être la véritable et qui toutes quelquefois sont entachées d'erreur.

La foi a pour domaine propre les faits révélés par Dieu à sa créature et, du moment où, par l'examen approfondi des motifs de crédibilité, l'esprit s'est convaincu de la réalité d'une révélation, il ne peut, sans tomber dans une évidente contradiction avec la nature même de l'essence divine, admettre que la sagesse souveraine se soit trompée relativement à ses œuvres, ou qu'elle ait voulu tromper l'intelligence de l'homme, qu'elle a faite pour la vérité.

Mais il en est bien autrement de la science, dans le domaine des faits qu'elle étudie et qu'elle explique ; sa marche est toujours incértaine et ses conquêtes, même les plus belles, ne conduisent qu'à des vérités purement relatives et nécessairement contingentes.

Si les limites étroites de notre intelligence ne nous avertissaient qu'il en doit être forcément ainsi, l'histoire des progrès scientifiques de l'humanité serait là pour nous l'apprendre.

Depuis le firmament cristallin d'Aristote, auquel les astres étaient, disait-il, suspendus et fixés, jusqu'à la théorie actuelle du système solaire, dont tous les mouvements ont été calculés par le génie de Newton, par quelles variations les affirmations scientifiques n'ont-elles pas successivement passé ; niant aujourd'hui ce qu'elles proclamaient hier comme étant la vérité ? — Et ne voyons-nous pas, comme par une suprême dérision de l'expérience, les idées qu'avait formulées le grand Newton lui-même sur la nature de la lumière, reléguées dans le domaine des rêves par la science contemporaine.

On se ferait une idée assez juste des deux ordres de certitude que nous comparons, en se représentant un voyageur qui, du haut d'une montagne élevée, contemple à loisir, aux rayons d'un brillant soleil, par un beau jour d'été, la plaine immense qui s'étend sous ses yeux et qu'il va parcourir.

Il en peut noter les points remarquables, les villes, les fleuves, les accidents de terrain ; il y voit la route qu'il doit suivre, le but qu'il doit atteindre. Il peut dresser une carte du pays qu'il a sous les yeux et si, dans ce travail, bien des détails doivent nécessairement lui échapper à cause de la distance, il est au moins assuré que toutes les indications topographiques qu'il y a cotées sont exactes ; car il les a soigneusement relevées d'après nature.

Puis vient la nuit, et le voyageur, alors descendu des sommets de la montagne, n'a plus, pour conduire sa caravane au milieu du pays inconnu, que la lumière fumeuse et vacillante des torches dont il est pourvu.

Chaque chose prend alors à ses yeux des aspects fantastiques, les nuances sont altérées suivant les points de vue variables auxquels il se place et, quoiqu'il soit maintenant à même de toucher de ses mains et d'examiner en détail les objets qu'il avait d'abord aperçus dans sa vue d'ensemble de la veille, il ne les reconnaît pas et ne retrouve que difficilement sa route.

Toutefois dans les particularités qu'il découvre ainsi et n'avait pas soupçonnées, rien, il le sait d'avance, ne peut être contradictoire avec les repères cotés sur la carte qu'il a dressée, carte à laquelle il se fie obstinément, qu'il consulte toujours, s'il est sage, pour diriger sa marche et parvenir ainsi au but qu'il s'est proposé d'atteindre; car il est bien certain de se perdre tout à fait, s'il avait le malheur de céder aux impressions du moment et de l'abandonner, sous le prétexte des discordances illusoires qu'il croit y constater quelquefois.

Vingt fois déjà il a vu ses doutes se changer subitement en consolants résultats, lorsqu'au détour du chemin, alors qu'il se croyait égaré, il a, contre toute apparence, rencontré le lieu même qu'il cherchait et l'a trouvé exactement là où le plaçait son bienfaisant itinéraire toujours véridique dans ses indications.

La vue d'ensemble, ai-je besoin de le dire,

c'est la révélation, qui montre à l'homme son origine, son but, la voie qu'il doit suivre et s'impose à sa foi.

L'auteur du plan, c'est l'Eglise catholique, topographe infaillible, qui a pour mission de faire le levé du terrain, de dissiper les obscurités et de tracer la route, en signalant les précipices.

Les torches fumeuses, incertaines, vacillantes, ce sont les lumières de la raison humaine, si sujette à l'erreur, aux marches et contremarches inutiles; mais qui toujours cependant, lorsqu'elle arrive à l'un des points de repère cotés par la révélation sur la carte directrice, peut constater la rigoureuse exactitude de ses indications, en même temps que l'évanouissement des détails fantastiques dont son imagination seule l'avait entouré.

Si notre comparaison est exacte, et nous la croyons telle, il faut retenir les deux conclusions qu'elle comporte : la première c'est que les discordances, entre les données de la foi et celles de la raison, ne peuvent jamais être qu'apparentes; la seconde c'est que, pour les dissiper, c'est toujours du côté de l'affirmation scientifique qu'il faut soupçonner et rechercher l'erreur.

Telle n'est pas cependant l'opinion professée par une certaine école qui, se drapant hypocritement dans le manteau de la science, est sans cesse à l'affût de toutes les apparentes contradictions entre la foi et la raison humaine et les recueille comme une bonne fortune ; non pas pour les éclaircir et les expliquer, mais pour les exagérer et proclamer bien haut l'antipathie absolue entre la révélation qu'elle dénature et la science qu'elle fausse ou qu'elle n'a pas su comprendre.

Grâce aux perfectionnements incontestables réalisés dans les procédés d'investigation dont elle s'est enrichie, et aux progrès de la mécanique rationnelle, la science moderne a pu soumettre à un calcul rigoureux les forces dont elle avait constaté l'existence, pour en déduire des lois générales qui, malgré les obscurités nombreuses qu'elles laissent encore subsister, jettent sur l'ensemble des phénomènes matériels un jour tout nouveau, dont il n'est plus permis actuellement de contester l'importance.

C'est là sans doute le secret de la valeur sociale qu'ont acquise, surtout de nos jours, les affirmations scientifiques.

L'esprit d'erreur s'en est naturellement emparé pour poursuivre le flambleau des vérités révélées que porte l'Eglise catholique, et chercher à l'éteindre; mais l'Eglise, forte du concours des vigoureux champions qu'elle compte dans son sein, a résolument accepté le combat sur le terrain scientifique et infligé à ses adversaires plus d'une défaite.

Cet état militant est, à proprement parler, la raison d'être de nos Universités catholiques, qui sont réellement nées à leur heure; car elles ont pour mission de montrer par leur enseignement, à l'encontre de l'enseignement officiel qui le méconnaît, *qu'entre la Foi et la Raison, jamais il ne peut exister aucun dissentiment véritable.*

C'est ce que proclamait naguère le concile du Vatican dans sa constitution de fide catholica. ch. IV.

L'étude que je vais entreprendre n'est pas, à proprement parler, mon œuvre personnelle; elle n'est que le résumé sommaire d'un ouvrage extrêmement intéressant, rempli d'aperçus entièrement nouveaux et tout à fait scientifiques sur les origines du monde (1).

Cet ouvrage, dû à la plume autorisée du R. P. Carbonnelle, secrétaire de la Société scientifique de Bruxelles, et savant de premier ordre, se recommande à la lecture de tout homme sérieux, qui veut se faire une opinion raisonnée sur ces importantes questions; car elles y sont traitées d'une façon réellement magistrale.

Au point de vue doctrinal, je me couvre de son autorité, n'ayant d'autre ambition que de vulgariser les pages si profondes et si lumineuses qu'il a écrites sur ce sujet.

Mais ce que je ne saurais me dispenser de signaler en passant à la réprobation de tout lecteur honnête, puisque j'analyse l'ouvrage d'un jésuite, c'est la révoltante injustice des procédés trop souvent mis en usage par l'esprit de parti contre la Société de Jésus. '

(1) *Les Confins de la science et de la philosophie,* 2 vol. in-12. Mis en vente par la Société générale de librairie catholique, chez Victor Palmé, 76, rue des Saint-Pères, à Paris, prix, 6 fr.

On l'accuse systématiquement d'obscurantisme, dans un certain monde, et pour donner quelque apparence à cette prétention, on fait le silence autour de ses œuvres, que l'on voudrait pouvoir ainsi supprimer aussi facilement qu'on la supprime elle-même; tandis qu'en réalité, si les fils de saint Ignace sont, avant tout pour l'Eglise, de vigoureux grenadiers d'avant-garde, toujours prêts à tous les combats et sachant assurer la victoire, même lorsqu'ils tombent au champ d'honneur, ils sont en même temps, pour la science, des pionniers infatigables, qui travaillent sans cesse à reculer les limites des connaissances humaines dans toutes les directions.

II

THÉORIE THERMODYNAMIQUE.

ECHERCHER scientifiquement l'histoire des origines du monde est un problème qui, pour demeurer encore ardu et obscur, sur bien des points, n'en a pas moins cessé d'être aujourd'hui absolument insoluble, et c'est une esquisse rapide des résultats acquis sous ce rapport que je vais m'efforcer de retracer dans ces pages.

Il faut nécessairement laisser, dans une telle entreprise, une large part à l'hypothèse; mais toute théorie qui rend compte d'une manière satisfaisante des faits d'observation qu'elle embrasse et que d'ailleurs aucun phénomène important ne vient formellement contredire, peut, à bon droit, être considérée comme scientifiquement établie lorsque, reposant sur des faits positifs et vérifiables, elle rend compte de ceux qu'elle n'a pas supposés et permet même d'en découvrir de nouveaux, qu'une expérience ultérieure est venue confirmer.

Telle est la théorie thermodynamique, que nous allons chercher à mettre en lumière, en étudiant expérimentalement, dans les molécules mêmes des corps, les lois générales auxquelles obéit la matière.

Si nous considérons une substance inorganique quelconque, le sel marin par exemple, et que nous entreprenions de l'analyser, nous reconnaîtrons aisément qu'il peut être décomposé en deux éléments parfaitement distincts; l'un gazeux, le chlore, l'autre solide, le sodium. Et, si l'on se rend compte par des mesures exactes des quantités respectives de ces deux substances qui composaient le poids de sel marin sur lequel nous avons opéré, on reconnait que les quantités sont parfaitement fixes et invariables, dans quelques conditions que soit renouvelée l'expérience.

Bien plus, on peut à son gré reformer, de toutes pièces, le sel marin décomposé, en mettant en présence du chlore en excès, un poids connu de sodium, et si l'on mesure, après la combinaison, la quantité de gaz absorbée librement par ce métalloide, on retrouve exactement, entre ces deux éléments, les mêmes proportions qui avaient apparu lors de la décomposition.

Ce phénomène est général et se reproduit invariablement, quelles que soient les substances sur lesquelles on opére. Dans les corps organisés, les choses se passent d'une manière beaucoup plus compliquée, mais la constance des résultats se retrouve toujours, de telle façon que la loi est la même.

La conséquence qui s'impose, comme dérivant de ce fait d'observation, absolument général, c'est que la matière est essentiellement inerte, régie par des lois fixes, auxquelles elle obéit d'une manière aveugle et nécessaire.

Le hasard n'existe pas, dans l'ordre des phénomènes matériels. Il n'est qu'un vain mot, bon tout au plus à déguiser notre ignorance des lois qui les régissent.

Dans l'exemple que nous avons choisi, il y a condensation de matière, c'est-à-dire que le corps nouveau, produit par l'union intime des deux autres, occupe dans l'espace un volume beaucoup moins considérable que l'ensemble des volumes de ses élements; cette condensation est toujours accompagnée d'un dégagement considérable de chaleur et même de lumière, lorsqu'elle s'opère brusquement.

Voyons si nous pourrons trouver la raison de ce phénomène qui, lui aussi, est très général et se reproduit toujours.

L'expérience nous montre d'ailleurs que, dans les corps, les variations de température sont continuelles et tendent sans cesse à l'équilibre, réchauffant le corps froid, aux dépens de la température du corps chaud qui s'abaisse.

Qu'est-ce donc que la chaleur?

Pour répondre à cette question, c'est encore à l'expérience que nous allons recourir.

Lorsqu'une balle de plomb est projetée avec une certaine vitesse contre un obstacle dur et résistant, une plaque de fonte par exemple, elle s'aplatit et tombe à terre, en perdant sa vitesse. Mais on observe toujours une élévation de température correspondante à ce changement, comme si la quantité de mouvement, dont elle était animée, s'était transformée en chaleur.

Ces deux phénomènes, mouvement et chaleur, sont-ils donc du même ordre ; en un mot la chaleur n'est-elle qu'un mode particulier de mouvement ?

C'est ce qui paraît très probable, car on vérifie que l'élévation de température se produit toujours, à la suite d'un choc, proportionnellement à la quantité de mouvement perdue par le mobile que l'on considère.

Si, au lieu du choc, nous étudions le frottement, nous reconnaîtrons encore que la chaleur se dégage proportionnellement au travail qui l'a produit.

Enfin, l'expérience classique du briquet à air, dans laquelle une colonne de gaz, brusquement comprimée dans un tube résistant au moyen d'un piston, produit une chaleur assez intense pour enflammer l'amadou, nous fournit encore un exemple de transformation de mouvement en chaleur; de sorte qu'il devient difficile de résister à cette conclusion tout à l'heure pressentie :

La chaleur et même la lumière, qui se dégage toujours, lorsque la température est suffisamment élevée, ne sont que des modes spéciaux du mouvement, qui les produit par voie de transformation.

Cette conclusion deviendrait une certitude expérimentale si nous voyions la chaleur, à son tour, reproduire le mouvement.

Mais cette démonstration directe, elle nous est quotidiennement fournie par les machines à vapeur de notre industrie ; car nous y voyons la chaleur, dégagée par la combustion de la houille, se communiquer à l'eau des chaudières qu'elle dilate et réduit en vapeur, et y déterminer une force expansive qui, agissant sur les organes de la machine, produit le mouvement. Enfin, dernier élément de contrôle : lorsque la vapeur détendue est versée dans l'atmosphère, par le fonctionnement régulier de la machine, nous la retrouvons considérablement refroidie par le travail visible qu'elle a produit.

On peut, en tenant compte des pertes dues

à l'imperfection de nos appareils, calculer le travail utile que l'on est en droit .d'attendre d'une machine, d'après le poids du combustible qui a été absorbé.

Nous retrouvons, ici encore, cette loi générale, plus haut constatée, de l'inertie de la matière; car toutes ces transformations du mouvement ne sont, en définitive, que les conséquences nécessaires des forces auxquelles elle a été soumise et obéit passivement.

La chaleur et la lumière sont donc bien véritablement des cas particuliers, des modalités spéciales du mouvement.

Des considérations dans lesquelles le cadre nécessairement restreint de ce travail nous interdit d'entrer, ont permis de reconnaître que ces mouvements sont des vibrations, d'une rapidité extrême et d'une amplitude très petite, mais calculable cependant et l'on a pu, grâce à cette théorie, se rendre compte, d'une manière très satisfaisante, des phénomènes si compliqués des interférences, de la diffraction et de la polarisation de la lumière.

Quelque superficielles que soient les notions expérimentales que nous venons d'exposer, elles sont déjà suffisantes pour nous faire concevoir, d'une manière très claire, ce que doit être la constitution intime des corps composés que nous touchons et voyons tous les jours.

On peut se représenter les molécules d'un corps comme étant des agglomérations d'atomes, agissant les uns sur les autres, au moyen de forces mutuelles, variables avec leur nature et leurs distances, et dont les unes attractives et les autres répulsives, déterminent, par leur antagonisme, un état d'équilibre plus ou moins stable, qui fixe la forme particulière propre à la molécule considérée.

Une image, quoique très imparfaite, nous donnera une idée assez exacte d'un semblable système.

Représentons-nous de petites balles de plomb, fixées chacune au centre d'un ballon de caoutchouc, rempli d'air, et jointes entre elles par des fils élastiques, tendant à les rapprocher l'une de l'autre.

Sous l'effort de ces fils, qui symbolisent à nos yeux les forces attractives, les balles de plomb se précipiteront les unes vers les autres,

jusqu'au moment où, les ballons de caoutchouc, venant à se toucher par leurs surfaces
extérieures, et comprimés par la vitesse
acquise qui entraîne les balles de plomb,
développeront à leur tour des forces répulsives, qui croîtront à mesure que le rappro-
chement deviendra plus complet.

De cet antagonisme, dû à l'élasticité des
agents intermédiaires, que nous supposons
complète, doivent naître des oscillations continuelles autour d'une position moyenne d'équilibre.

Ces oscillations rapides, n'altérant que dans
des limites très restreintes la forme générale
du système, peuvent nous donner une idée
assez juste du mouvement vibratoire des
atomes qui, sans faire perdre à la molécule sa
constitution primitive, y produisent, suivant
leur intensité plus ou moins grande, les phénomènes de chaleur et de lumière dont nous
percevons l'impression.

La juxtaposition de molécules identiques et
semblablement orientées doit donner naissance à un corps de forme parfaitement définie et régulière. Or, l'expérience nous montre,

en effet, que les substances non organisées affectent des formes cristallines parfaitement fixes et caractéristiques pour chacune d'elles.

L'accroissement du mouvement vibratoire doit augmenter le volume apparent des molécules, et nous savons en effet que la chaleur opère toujours la dilatation dans les corps.

Si ce mouvement vibratoire s'exagère, on conçoit fort bien qu'il puisse amener un dépla· cement définitif et permanent des centres de figure moléculaires, de telle façon que leur dépendance mutuelle diminue, au point de les rendre indifférentes à leur orientation, c'est-à-dire à la forme visible qui en est la résultante. Le corps alors devient liquide, de solide qu'il était; mais ce changement d'état, n'étant dû qu'à un déplacement réel des centres de gravité des molécules, a nécessairement exigé un travail, absorbé une quantité de mouvement fournie par l'énergie vibratoire, dont une portion cesse ainsi de se manifester sous la forme de chaleur sensible.

Telle est l'explication du calorique latent de fusion.

Si l'énergie vibratoire augmente davantage encore, un nouveau déplacement s'opère dans les centres moléculaires, l'action des forces attractives, qui diminuent à mesure que la distance augmente, est vaincue par celle des forces répulsives, qui deviennent prépondérantes, et le corps, après une nouvelle absorption de calorique latent, nous apparaît gazeux, de liquide qu'il était.

L'expérience inverse justifie cette théorie; car si l'on comprime le gaz avec une suffisante énergie, on force les molécules à se rapprocher et il se liquéfie, en restituant, sous forme de chaleur, la quantité de mouvement vibratoire correspondante au travail qui a produit la compression.

Or, nous savons aujourd'hui qu'il n'est pas de gaz dont la liquéfaction ne puisse être obtenue sous une pression suffisante.

On voit déjà quelle est la lumière que cette théorie thermodynamique projette sur la constitution intime des corps et l'on conçoit sans peine que la mécanique rationnelle puisse poser des équations différencielles simultanées, au moyen desquelles, tenant compte de la masse de chacun des mobiles, de leurs positions et de leurs vitesses, ainsi que des forces auxquelles ils obéissent, elle soit capable de calculer, à un moment donné, tous les éléments du système.

J'ai dit que l'on conçoit la possibilité abstraite d'un semblable calcul ; mais je n'ai pas prétendu dire qu'il soit, dans toute sa rigueur, accessible à la faiblesse de notre intelligence. Le nombre des atomes qui composent un petit grain de sable est immense et nous ne parviendrions pas à exprimer, par nos équations, toutes les actions mutuelles de ces atomes les uns sur les autres.

Mais ce que l'esprit comprend parfaitement, c'est que cette détermination existe et qu'à chaque instant, elle est une conséquence nécessaire des données du problème ; c'est-à-dire de l'état initial, de la masse des atomes et des forces dont ils ont subi l'action pendant le temps considéré. Car, nous l'avons déjà dit, le hasard n'existe pas dans les évolutions de la matière.

Si la complication du problème nous en interdit la solution complète, elle ne s'oppose pas à ce que la mécanique rationnelle ait pu découvrir certaines conditions générales auxquelles il satisfait toujours, et l'une de ces conditions générales est celle de la conservation de l'énergie totale.

Bien que cette loi doive paraître fort abstraite à plus d'un de mes lecteurs, il me faut absolument la formuler ici, à cause des nombreuses applications qu'elle rencontrera dans ce travail. Je me contente bien entendu de l'énoncer, renvoyant aux traités de mécanique rationnelle ceux qui en voudraient avoir la démonstration rigoureuse.

Dans un système quelconque de mobiles, doués de masses et mus par des forces, on appelle *énergie actuelle* la somme des quantités de mouvement de chacun de ces mobiles. On entend par *énergie potentielle* la somme de travail qui serait nécessaire pour amener à un état d'équilibre stable et définitif tous les mobiles, comme par exemple pour les concentrer tous les uns dans les autres.

Enfin l'*énergie totale* du système est la somme algébrique de ces deux quantités.

Cette définition bien comprise, voici la loi :

« Dans tout système de mobiles, obéissant
« uniquement à des forces intérieures, dues
« aux actions mutuelles exercées par ces
« mobiles les uns sur les autres, l'énergie
« totale demeure constante. »

En d'autres termes : à mesure que l'énergie
potentielle diminue, l'énergie actuelle aug·
mente dans la même proportion et réciproquement.

Nous pouvons faire, dès maintenant, une vé-
rification de n tre loi, en l'appliquant aux phénomènes chimiques, qui sont tous dus à des
actions mutuelles des atomes mis en présence.
Lorsque la combinaison amène une condensation, elle réduit par cela même l'énergie
potentielle, elle devra donc accroître d'autant
l'énergie vibratoire, c'est-à-dire la chaleur.

Or nous avons vu qu'il en est toujours ainsi.

Si je suis parvenu à me faire bien comprendre, dans cet exposé sommaire des lois
qui président à la constitution intime des
molécules des corps, les considérations plus
générales qui vont nous occuper sur la nature
et les origines du monde matériel, envisagé
dans son ensemble, vont paraître très simples.

Elles rendent d'ailleurs parfaitement compte des principaux phénomènes que nous voyons s'accomplir sous nos yeux et du fonctionnement de l'univers.

III

HYPOTHÈSE DE BOSCOVICH.

Dès le milieu du XVIIIe siècle, en 1759, Boscovich, mathématicien profond, se basant exclusivement sur des considérations théoriques, résumait le système du monde en des termes qui furent à peine modifiés par les découvertes faites après lui.

Boscovich, lui aussi, était un jésuite; mais il serait assez difficile de le taxer d'obscurantisme, car il était au contraire en avance sur son époque.

La science expérimentale n'était pas assez développée alors pour pouvoir vérifier l'exactitude de ses conceptions théoriques; il ne fut pas compris par les hommes de son temps, mais l'avenir lui a donné raison.

En voilà donc encore un, qu'il faut absolument rayer de la liste de ceux qui auraient, dit-on, tenté de faire rétrograder les connaissances humaines.

Voici la formule aujourd'hui universellement adoptée :

« Tous les phénomènes matériels se ré-
« duisent, en dernière analyse, à des mouve-
« ments, dont les mobiles sont des atomes de
« deux classes seulement, appelés pondé-
« rables ou impondérables, suivant la loi qui
« les régit, doués chacun d'inertie et d'une
« masse qui lui est propre. »

Chaque atome pondérable est le siège de forces, attractives pour tous les autres atomes, et variables avec la distance qui l'en sépare ; chaque atome impondérable est le siège de forces, répulsives pour tous les atomes du même ordre que lui, et variables également avec la distance.

C'est ce que l'on exprime d'une façon plus générale dans le langage de la mécanique, en disant que ces forces, positives ou négatives, sont des fonctions de la distance et proportionnelles aux masses.

Suivre et vérifier cette loi dans toutes ses applications, ce serait sortir manifestement des limites de l'étude sommaire que j'ai entreprise. Voyons seulement quelle lumière elle projette sur les origines du monde.

Transportons-nous par la pensée au moment où tous les atomes ont commencé d'être, en nombre immense, mais fini, ainsi que nous le verrons bientôt.

Chacun des atomes pondérables, attirant à soi ceux qui se trouvaient dans sa sphère d'action, dut nécessairement se former une petite atmosphère d'atomes impondérables et l'accroître, jusqu'au moment où sa puissance attractive se trouva exactement contrebalancée par l'action répulsive que les atomes impondérables exercent les uns sur les autres.

Puis, chacun de ces petits systèmes composés, très analogues à la balle de plomb fixée au centre d'un ballon élastique, dont il a été parlé plus haut, agissant à distance et sollicité en tous sens par les autres systèmes, dut se rapprocher des uns, s'éloigner des autres, tourbillonner de mille manières, osciller sans cesse autour d'une position d'équilibre toujours fuyante. Mais, dans tous ses mouvements, il dut nécessairement obéir à des lois fixes, suivre une trajectoire qui lui était propre, bien qu'elle fut d'une complication dont la pensée effraie notre imagination.

La seule chose qu'il nous importe de retenir ici, c'est qu'à un moment donné, la position, la vitesse et tous les éléments du mouvement doivent, en un tel système, être, pour chacun des atomes, parfaitement déterminés, comme conséquence nécessaire de l'état initial et des forces ayant agi depuis le commencement. Rien d'arbitraire ne saurait s'y produire, puisque la matière est absolument inerte, ainsi que nous l'avons établi plus haut.

Nous avons déjà montré comment plusieurs centres d'actions atomiques durent former des molécules, aussitôt qu'ils rencontrèrent entre eux une position d'équilibre stable, et comment les divers systèmes d'équilibre, dont le nombre est immense, durent, bien que de formes et de masses différentes, demeurer fixes et semblables entre eux, pour chacun de ceux formés par des forces identiques.

Ces molécules simples, agissant à leur tour sur les molécules voisines, se groupèrent en molécules composées et donnèrent naissance aux éléments gazeux de tous les corps.

Il est impossible que, dans ce véritable chaos d'éléments matériels en mouvement, un grand nombre de centres d'attraction ne soient pas devenus prépondérants par rapport aux autres, formant ainsi des points distincts vers lesquels durent graviter tous les éléments matériels de la région circonvoisine.

Considérons donc spécialement un de ces centres prépondérants. Comme, dans cette chute d'atomes venant de tous côtés, il est très peu probable que tout se soit passé avec une entière symétrie par rapport au centre de gravité du système, des inégalités de masse durent, le plus souvent, donner naissance à un couple et engendrer, dans un sens déterminé, un mouvement de rotation qui se propagea, de proche en proche, dans tous les éléments matériels constitués sous sa dépendance.

Cette seule donnée va suffire, comme nous le verrons bientôt, pour nous représenter, de la façon la plus satisfaisante, par quel enchaînement de phénomènes dût passer l'univers, pour devenir tel que nous le voyons aujourd'hui.

Loin de moi la pensée de supprimer, par ces explications scientifiques, la nécessité d'un Dieu créateur et organisateur de toutes choses, ou de la négliger, comme une *hypothèse* inutile, ainsi qu'on l'a dit, usant en cette circonstance d'une expression malheureuse, même dans la bouche de l'homme de génie auquel elle est attribuée.

Au contraire, l'action de cet être souverain, cause première de toutes choses, est supposée par mon récit, absolument comme l'est celle du peintre par la vue d'un tableau, ou celle de l'horloger par l'étude des rouages compliqués d'un chronomètre.

L'hypothèse épicurienne d'atomes ne tenant que d'eux-mêmes l'existence et le mouvement, est tout à fait antiscientifique; parce que l'expérience constante, base nécessaire de toutes les sciences positives, nous révèle une cause, à l'origine de tout phénomène, et qu'un phénomène sans cause n'a jamais été scientifiquement constaté. — L'admettre, c'est se lancer dans le domaine des rêves et quitter absolument le terrain scientifique sur lequel nous entendons nous maintenir.

Bien plus, on peut démontrer, par un raisonnement tout à fait rigoureux, car il est mathématique, que l'hypothèse de l'éternité de la matière n'est pas seulement complètement gratuite, mais encore qu'elle est absurde.

Que l'espace occupé par l'ensemble des molécules matérielles est fini.

Qu'enfin le nombre de ces molécules, quelque grand qu'il soit, est cependant lui-même un nombre fini.

Quoique cette démonstration soit nécessairement un peu abstraite, nous espérons que, grâce à son importance capitale, le lecteur ne reculera pas devant quelque effort de réflexion pour arriver à la bien comprendre.

La voici :

A quelque moment de son existence que l'on considère l'ensemble des atomes, l'état correspondant du système, par cela seul qu'il a eu une existence réelle, est parfaitement déterminé, quant à l'époque à laquelle il s'est produit, et le nombre exprimant le temps écoulé depuis cette époque est nécessairement un nombre déterminé.

Chacun des atomes, ayant une existence qui lui est propre et le distingue de tous les autres, occupe un rang déterminé dans la série de tous les éléments matériels que l'on peut concevoir classés par ordre et portant un numéro particulier.

Il occupe également un point déterminé de l'espace et sa distance à l'un quelconque des autres atomes, choisi comme point de repère, est exprimable par un nombre déterminé.

Or le nombre infini est, de sa nature, essentiellement indéterminé, il ne peut donc jamais exprimer aucune des trois quantités que nous venons d'envisager, puisqu'elles sont toujours nécessairement déterminées.

D'où la conséquence que le temps, l'espace et le nombre des atomes, correspondants à l'un quelconque des états de l'univers qui ont réellement existé, étant toujours exprimés par un nombre fini, l'éternité de la matière doit, comme son ubiquité et sa divisibilité à l'infini, être reléguée au nombre des chimères, dont l'existence impliquerait une contradiction absurde (1).

Mais poursuivons notre étude et voyons ce qui dût arriver, au bout d'un certain temps.

A mesure que la condensation s'opérait vers le centre d'attraction que nous avons considéré et qu'entraînait lui-même le mouvement d'ensemble du système total, elle dut aller en augmentant d'intensité, par une progression continue, et la force centrale, qui en résultait suivit la même marche; mais, comme elle joue, par rapport à chacun des mobiles, le rôle de force accélératrice, la vitesse de rotation dut s'accroître et avec elle la force centrifuge; de telle sorte que la masse de matière cosmique, que nous considérons, dut affecter la forme d'un immense sphéroïde, aplati vers les pôles

(1) Cette démonstration, saisissante par la rigueur mathématique qu'elle revêt dans sa forme, est tout à fait nouvelle et due au R. P. Cabonnelle, dont nous analysons l'ouvrage.

Afin de ne pas ralentir notre argumentation, nous renvoyons dans un appendice, que l'on trouvera à la fin de cette brochure, la démonstration de la nature essentiellement indéterminée du nombre infini, qui se présente quelquefois dans les calculs.

et renflé à l'équateur. Cet aplatissement, croissant toujours avec la vitesse, l'ensemble finit par adopter la forme lenticulaire.

Or, c'est une loi du mouvement, démontrée par le calcul (2e loi de Kepler) que, dans un semblable système, la vitesse de chaque mobile, sur sa trajectoire, est réglée de telle façon que la ligne droite, qui le joint au centre d'attraction, décrive toujours des surfaces égales dans des temps égaux. Il en résulte nécessairement que, plus cette distance au centre diminue, et plus l'arc parcouru, pendant l'unité de temps, par le mobile considéré, augmente; en d'autres termes plus la vitesse s'accroît.

C'est le contaire, il est à peine besoin de le faire remarquer, de ce qui se passerait dans un corps solide, animé d'un mouvement de rotation autour de son cen're; car alors la vitesse d'un point quelconque diminue, à mesure qu'il est choisi plus près de l'axe de rotation. Il dut donc y avoir un effort constant et d'une intensité toujours croissante, tendant à la rupture du système, de sorte qu'il vint un moment où le renflement équatorial, grâce à son moindre mouvement angulaire et à la grande mobilité de ses parties constituantes, quasi indépendantes les unes des autres, se sépara du noyau central, animé d'une plus grande vitesse que lui ; formant ainsi, autour de ce noyau, un anneau concentrique, qui continua à le suivre dans son mouvement, bien qu'il en fut désorma's séparé.

Pour peu que des inégalités se produisent dans la densité des parties diverses d'un tel anneau, il se raréfie du côté le plus faible, se brise en cet endroit et vient peu a peu se concentrer au point dont la masse est la plus considérable, pour y former enfin une sphère indépendante, qui persévère dans le mouvement de translation autour de la masse génératrice, en même temps qu'elle est elle-même animée d'un mouvement rapide de rotation autour de son axe propre.

Il ne faut pas que le lecteur m'accuse de présenter ici, comme étant une déduction nécessaire de formules que je ne fournis pas, ce qui ne serait en réalité qu'un pur jeu de l'imagination ; car des expériences très curieuses, instituées par M. Plateau, professeur de physique à l'Université de Gand, confirment parfaitement, en les rendant sensibles aux yeux de l'observateur, ces conceptions théoriques.

Pour soustraire à l'action perturbatrice de la pesanteur la substance sur laquelle il voulait opérer, M. Plateau a imaginé de placer une certaine quantité d'huile dans un vase rempli d'eau alcoolisée, de même densité qu'elle, et il a vérifié que, dans ces conditions, la masse d'huile affecte la forme sphérique, sous l'action des forces moléculaires internes auxquelles elle obéit.

Soumettant alors le vase et son contenu à un mouvement rotatoire de plus en plus rapide, autour de l'axe vertical passant par le centre de la sphère d'huile, il a constaté qu'elle s'applatit d'abord vers les pôles, pour se renfler à l'équateur; puis enfin, il a vu s'en détacher de petits satellites, dont les orb'tes divers avaient tous pour centre celui du sphéroïde originaire.

Il serait difficile de donner expérimentalement une démonstration plus saisissante de la manière dont prirent naissance les diverses planètes qui circulent autour de notre soleil.

On conçoit aisément maintenant comment, après des myriades de siècles, se détachèrent successivement de la masse :

Neptune, Uranus, Saturne, Jupiter, Mars.

Enfin, la terre que nous habitons et plus tard les planètes inférieures :

Vénus et Mercure.

L'ordre même de leur distance au soleil fixant leur âge relatif, à commencer par les plus éloignées.

Quand se détacha l'anneau qui forma la terre et la lune son satellite, la densité moyenne des substances qui le composaient ne pouvait être supérieure à $\frac{1}{38.000}$ de celle de l'eau. C'était encore, malgré le nombre immense de siècles écoulés depuis l'origine du mouvement de condensation du système, un état raréfaction sous lequel la matière échapperait absolument à nos sens.

Le mouvement des molécules vers le centre de la masse cosmique était une diminution dans l'énergie potentielle (1) du système, aussi

(1) Voir page 23 la définition de ces expressions et l'énoncé de la loi générale dont il s'agit.

devait-il nécessairement produire, en vertu de la loi générale que nous avons fait connaître plus haut, une augmentation considérable d'énergie actuelle, accroître, dans des proportions énormes, la force vive qui animait les divers atomes et par suite leurs mouvements vibratoires.

Or, nous savons que l'énergie vibratoire, c'est la chaleur, et qu'elle devient lumineuse quand elle atteint un degré suffisant d'intensité. Il en résulte donc que les sphères condensées, à la formation desquelles nous venons d'assister par la pensée, en un mot les planètes durent, à l'époque où elles se séparèrent, sous la forme de masses indépendantes, être soumises à une température telle que tous leurs éléments matériels fussent réduits à l'état de gaz incandescents, et cela, bien avant que le centre d'attraction, vers lequel elles gravitent, n'eut lui-même affecté une forme et une dimension déterminées, qui permissent de lui assigner une existence propre et de le différencier de l'ensemble de matière cosmique dans lequel il était confondu.

Si j'insiste sur ce point, c'est afin de faire justice, en passant, des inepties dont il est bien rare qu'un écrivain libre-penseur fasse grâce à ses lecteurs, lorsqu'il discute le récit fait par Moïse, de l'œuvre des six jours, à propos de l'apparition de la lumière, placée par l'écrivain sacré avant celle du soleil et des étoiles.

C'est, en effet, à la fin du premier jour, que la genése indique l'origine de la lumière : *Sit lux*, que la lumière soit; tandis que c'est seulement au quatrième jour, que le soleil, la lune et les étoiles auraient pris naissance : *Sint luminaria in expansione cœlorum;* montrant très clairement, par les expressions mêmes dont elle se sert, que la lumière d'abord et les astres ensuite, ont été produits par voie de performance, d'agencement d'une matière préexistante et non par une création directe (1).

(1) La vulgate emploie l'expression *fiat lux* et pour les astres au quatrième jour, *sint luminaria in firmamento cœli.*

C'est à dessein que nous y avons substitué la traduction littorale du texte hébreu faite en 1657 par M. Brian-Walton, dans la bible polyglotte qu'il publia, en huit langues, à cette

Or, il est intéressant de constater la réponse formelle que donne à ces critiques, plus passionnées que véritablement sérieuses, l'étude attentive des faits et des principes parfaitement acquis aujourd'hui au domaine scientifique.

Supposer la possibilité d'une agglomération considérable de molécules matérielles, par voie de condensation, sous l'action de forces centrales, sans un dégagement simultané de chaleur et de lumière, ce serait nier la loi mathématique de la conservation de l'énergie totale, dont nous avons vu tout à l'heure les résultats nécessaires; ce serait, en outre, renverser de fond en comble toutes les données de l'expérience.

Les vibrations lumineuses ont pris naissance et se sont développées dans la masse gazeuse, à mesure qu'elle se condensait davan-

époque. Les termes dont il se sert font mieux ressortir les nuances que nous voulons signaler, et l'on sait que la vulgate de Saint-Jérôme, dogmatiquement irréprochable, puisqu'elle est la version officielle de l'Eglise, n'a été vérifiée par elle et n'est telle, qu'au point de vue du dogme, tandis qu'elle laisse à désirer sous le rapport philologique.

tage, tandis que le soleil, centre d'attraction de la portion de l'univers dont dépend notre globe, n'a revêtu une individualité propre, grâce à laquelle il fut possible de le définir et de le différencier de l'ensemble, que quand, après des siècles, il eut condensé en lui-même l'immense nébuleuse à laquelle il doit l'existence et dont la terre, la lune et les autres planètes ne sont, comme nous l'avons montré, que des éclaboussures, aujourd'hui refroidies.

La lune, cela va de soi, ne put jouer, par rapport à la terre, le rôle de réflecteur des rayons solaires, que quand le soleil lui-même eut pris naissance.

Quoi d'étonnant, par conséquent, que la fonction de luminaire des nuits, par laquelle l'écrivain sacré la signale à ses lecteurs, ne lui soit attribuée qu'à cette époque ?

Quant aux innombrables étoiles fixes, dont est parsemée l'immensité des cieux, elles ne sont autre chose que des centres d'attraction semblables à notre soleil, autour de chacun desquels doivent, très probablement, graviter des planètes, tout à fait analogues à celles du système solaire et obéissant, dans leurs mouvements, à des lois identiques.

Nous avons supposé qu'à l'origine des choses, des centres prépondérants d'attraction s'étaient formés dans la masse des atomes; il est donc tout naturel, grâce au nombre incalculable des circonstances qui pouvaient donner naissance à cette prépondérance, de constater aujourd'hui qu'ils se sont formés en nombre immense et la multitude des étoiles est un fait qu'il fallait prévoir, car il est tout à fait rationnel.

Moïse n'écrivait pas pour des savants, mais pour le peuple juif, dont il employait le langage imagé, définissant les choses d'après leurs apparences et si, après plus de 3,000 ans, la science moderne, dont les procédés lui étaient absolument inconnus et dont les investigations ne sont assurément pas entachées de partialité en sa faveur, vérifie aujourd'hui, jusque dans ses détails, l'histoire qu'il a écrite des origines du monde, c'est assurément que ses pages étaient inspirées; car le hasard ne produit pas de telles concordances.

Je ne sais si ma manière de voir sera partagée par le lecteur, mais j'estime, quant à moi, que la démonstration de l'origine inspirée du livre de la genèse, est ici fournie d'une façon péremptoire.

J'ai cherché à montrer combien l'hypothèse de Boscovich donne une explication rationnelle des origines du monde; mais j'ai paru peut-être faire ainsi beau jeu aux doctrines fatalistes de nos matérialistes modernes.

Qu'ai-je supposé en effet, à l'origine du monde ? Des points doués de masses et de forces, au moyen desquelles ils agissent les uns sur les autres, suivant des lois parfaitement fixes, de telle sorte qu'à un moment donné, l'état du système est toujours complètement déterminé, jusque dans ses plus petits détails, par des équations différentielles simultanées, impossibles à résoudre et même à poser par notre intelligence bornée, mais qu'elle conçoit cependant comme parfaitement réelles et absolument nécessaires.

N'est-ce pas là le fatalisme et la négation de la providence ?

Non, ce n'est pas la négation de la providence; c'est la notion vraie de la prescience et de l'immutabilité de Dieu, aussi infinies que l'est sa toute puissance et ce n'est pas autre chose.

Quand Dieu tira du néant les atomes que nous avons envisagés, et donna à chacun d'eux d'être le siége des forces que nous avons définies, lui assignant sa place dans l'espace au moment initial, il vit, dans son éternelle immutabilité, toutes les conséquences nécessaires des lois qu'il posait, et comme ces lois elles-mêmes sont l'œuvre de sa volonté absolument libre, il est rigoureusement vrai de dire qu'il voulut expressément, jusque dans ses plus petits détails, toute la série des faits que rendaient nécessaires les lois qu'il établissait ainsi librement et qu'il aurait pu faire autres, en choisissant des données différentes, parmi le nombre infini des données possibles.

Dieu n'est pas, comme nous, astreint à suivre péniblement la solution d'un problème, dans les phases successives de son développement; car le passé, le présent et l'avenir, ne sont à ses yeux qu'une seule et même chose. Il eut donc, dès l'origine, la vue intime et explicite de son œuvre, dans tous les détails qu'elle comporte, et il l'approuva.

Vidit quod esset bonum.

Trouver, dans la fixité des lois qu'il a faites, une entrave à la libre action de Dieu dans le monde, c'est le mesurer à notre taille, en le supposant capable de regretter des conséquences, qu'il n'aurait pas prévues, des principes qu'il a posés.

C'est donc sortir des notions véritables sur l'essence même de la nature divine.

Tandis qu'au contraire, la conception si simple dans son ensemble, si vaste dans ses détails, que nous avons cherché à esquisser dans les pages qu'on vient de lire, nous donne, de l'action divine, une idée dont la majesté s'impose par son grandiose, sublime dans l'unité.

Non seulement cette hypothèse d'atomes, agissant les uns sur les autres, au moyen des forces dont ils sont le siége et déterminant la condensation progressive que subit l'univers, suivant des lois déterminées, nous permet d'expliquer d'une manière très satisfaisante, ainsi qu'on l'a vu, les phénomènes que nous avons étudiés ; mais encore elle nous met à même de concevoir, d'une façon très logique. comment ils doivent se terminer un jour.

En d'autres termes : après avoir reconnu ce que paraissent avoir été les origines du monde, nous pouvons soupçonner quelle en sera très probablement la fin.

La fixité des trajectoires des planètes n'est pas absolue, et des perturbations incessantes sont la conséquence des actions mutuelles de tous les astres les uns sur les autres; car ces actions varient avec les positions qu'ils occupent dans l'espace. Nous n'avons d'ailleurs la perception que de leurs mouvements relatifs, par rapport à des points qui ne sont pas absolument fixes.

Il est donc très probable qu'à notre insu, le soleil lui-même, et la terre avec lui, sont entraînés dans un sens déterminé, et que ce phénomène existe également pour les étoiles que nous appelons fixes ; car la loi générale de la condensation atomique n'a pas perdu son empire.

Or, si nous admettons, ce qui est extrêmement probable, qu'un jour vienne où l'équilibre stable, vers lequel marche sans cesse cette condensation, se réalise, dans des conditions telles que tous les mobiles aient, par leur concours, perdu leurs vitesses respectives, ce jour-là, toute l'énergie potentielle de l'univers ayant disparu, l'énergie visible aura atteint son maximum et, si les vitesses de translation sont nulles, comme nous venons de le supposer, toute cette énergie sera devenue vibratoire.

Mais, l'énergie vibratoire, c'est de la chaleur, ainsi que nous l'avons vu déjà; de sorte que la condensation définitive des atomes, avec anéantissement des vitesses de translation, ce serait une conflagration générale et permanente, jointe à l'immobilité de la mort.

Nous pouvons concevoir très simplement l'anéantissement des vitesses de translation, par suite de la concentration des atomes, en nous représentant des balles de plomb, de masses diverses, se rencontrant deux à deux, sur la ligne qui joint leurs centres de gravité, avec des vitesses contraires et inversement proportionnelles à leurs masses.

Telle sera donc, très probablement, la fin du monde.

Elle devra être précédée d'une obscurité, complète ou relative, à la surface de la terre, suivant que la condensation, dans le soleil et dans les étoiles, des atomes éthérés qui l'en séparent, aura été plus ou moins parfaite, raréfiant ou supprimant ainsi les éléments matériels, au moyen desquels les vibrations lumineuses, émises par les astres, parviennent jusqu'à notre planète. C'est ainsi que nous voyons, par une raison très analogue, le bruit des vibrations sonores s'affaiblir ou s'éteindre tout à fait, dans un espace où l'on a fait le vide atmosphérique d'une façon plus ou moins complète.

Le dérangement des corps célestes, quittant leurs trajectoires, renversera de fond en comble les forces mutuelles qu'ils exercent les uns sur les autres, et déterminera notamment sur notre planète, le bouleversement des flots de la mer, qui suivent toujours fidèlement les lois de la gravitation, comme nous le montre le phénomène des marées.

Enfin toute matière atomique, et par conséquent les étoiles, tomberont réellement vers le centre de concentration universelle que nous pouvons pressentir.

Cette explication, contre la probabilité de laquelle je ne sache pas que la science ait aucune objection sérieuse à fournir, cadre avec ce que nous apprennent les livres saints, relativement à la fin du monde :

Cœli magno impetu transient, elementa vero calore solventur, terra autem et quæ in ipsa sunt opera, exurentur.

..... Cali ardentes solventur, et elementa, ignis ardore tabescent. (S.-PETR., II, III, 10 et 12).

Sol obscurabitur et luna non dabit lumen suum et stellæ cadent de cœlo, et virtutes cœlorum commovebuntur. (S.-MATH., XXIV, 29).

Aussi, croyons-nous que, sous tous les rapports, cette hypothèse mérite d'être considérée comme étant l'expression très probable de la vérité sur ces mystérieuses questions.

IV

LES ÊTRES VIVANTS.

Jusqu'ici, nous n'avons parlé que du monde exclusivement matériel et dépourvu de vie; tel qu'il était avant l'apparition de l'homme et des animaux, et nous avons vu que l'expérience nous montre toujours la matière absolument inerte et aveuglément régie par les lois auxquelles elle est assujettie.

Mais le monde n'est-il tout entier que matière, obéissant nécessairement aux lois fatales de l'inertie ?

C'est là une nouvelle question, qu'il nous faut aborder à son tour et chercher à résoudre, par la méthode expérimentale.

Pour y parvenir, pas n'est besoin de recourir à de bien savantes méditations ; car chacun de nous possède, sous ce rapport, au plus intime de lui-même, un critérium parfaitement certain. La liberté personnelle de vouloir ou de ne pas vouloir, de faire ou de ne pas faire, est un fait qui ne se discute pas, en ce qui nous concerne personnellement ; car elle est pour chacun de nous d'une certitude absolue.

L'identité, par rapport à nous mêmes, des circonstances que nous constatons dans nos semblables, relativement à certains de leurs actes, et l'aveu qu'ils en font, par le langage, nous permettent de conclure, avec une certitude égale, en faveur de leur liberté et les analogies frappantes que nous offrent les animaux, sous ce rapport, avec l'homme, ceux surtout des classes supérieures, ne nous laissent guère de doutes non plus à leur égard.

Il y a donc, chez l'homme et chez les animaux, une partie immatérielle, puisqu'elle est libre, et que la matière, ainsi que nous l'avons vu, ne l'est jamais.

Cette déduction est absolument rigoureuse ;

car elle repose, d'une part sur le témoignage de notre sens intime, qui constate la liberté, et de l'autre sur celui de l'expérience, qui nous montre invariablement le caractère aveugle et nécessaire des phénomènes purement matériels.

Cet élément immatériel, qui est propre à tous les êtres doués du mouvement volontaire, n'est pas identique chez l'homme et chez les animaux, et nous nous réservons de montrer, dans un chapitre spécial, comment l'âme de l'homme se distingue de la leur, par des facultés essentielles et qui la caractérisent absolument.

Mais cherchons d'abord à découvrir quelque chose du mode d'action de ces agents immatériels sur les corps et du rôle qu'ils jouent dans l'ensemble du monde.

Il faut, dans tout phénomène de la vie animale, distinguer soigneusement deux ordres de mouvements : Les actions volontaires et les actions involontaires ou végétatives.

Parmi les actions végétatives, nous choisirons de préférence, pour l'analyser, la plus importante sans contredit, la circulation sanguine.

Voici comment elle s'opère :

Les globules du sang viennent sans cesse, sous l'action automatique des contractions cordiaques, absorber, dans les poumons, l'oxygène de l'air; puis, entraînés eux-mêmes par le torrent de la circulation, ils le transportent dans les diverses parties de l'organisme. Cet oxygène se trouve ainsi mis en rapport avec le carbone et l'hydrogène des tissus qu'il traverse; il les brûle, en formant de l'acide carbonique et de l'eau qui, ramenés au poumon avec le sang veineux, sont enfin versés dans l'atmosphère par la respiration.

Mais toute combustion est une condensation de l'oxygène sur le corps brûlé, et notre loi générale, de la conservation de l'énergie totale, doit recevoir ici son application. Il faut donc nécessairement rencontrer, dans l'acte de la circulation, s'il est un phénomène purement atomique, une augmentation de l'énergie actuelle, puisqu'il entraîne une diminution de l'énergie potentielle ; et cette augmentation d'énergie actuelle doit se manifester sous la forme de mouvement vibratoire, c'est-à-dire de chaleur, ou sous la forme de mouvement

visible. Or les mouvements cordiaques et cir-
culatoires, en même temps que la chaleur
dégagée par tous les animaux, nous montrent
qu'il en est toujours ainsi chez eux. On est
allé même jusqu'à mesurer expérimentalement les produits de la respiration d'un homme,
pendant un certain temps, pour les comparer
avec la chaleur que dégageait son corps et
le travail produit, pendant le même temps ;
et l'on a trouvé que les résultats de cette
comparaison vérifient tout à fait les prévisions
de la théorie. De sorte que rien ne nous autorise à supposer, dans l'ordre des actions
végétatives ou involontaires, aucune intervention étrangère à celle des forces atomiques, puisque tout se passe, en réalité, comme
il doit se passer sous leur seule influence.

Voyons s'il en est de même des actions
volontaires et profitons, pour les analyser, des
lumières que la physiologie projette sur cette
importante question.

Lorsque j'exécute un mouvement volon
taire, que je lève le bras par exemple, que se
passe-t-il ?

Mes muscles se contractent, pour mouvoir

d'une certaine façon la charpente osseuse de mon corps. Mais, là encore, se vérifie la loi de la conservation de l'énergie totale ; car l'activité circulatoire augmente, une combustion plus intense se développe et produit de la chaleur.

Si, en effet, on recueille le sang qui sort des veines d'un muscle contracté, on reconnaît qu'il est plus chaud et d'une couleur plus noire que celui qui y pénètre par les artères ; il contient beaucoup d'acide carbonique et peu d'oxygène.

Au contraire, si le muscle a été laissé au repos absolu, le sang qui en sort se retrouve à peu près tel qu'il y était entré, c'est-à-dire presque aussi rouge que le sang artériel, il renferme peu d'acide carbonique et beaucoup d'oxygène.

Des muscles que l'on prive de sang, par la ligature de l'artère qui les alimente, cessent d'être contractiles et ils retrouvent, au contraire, cette propriété, si le sang artériel leur est rendu pendant quelques minutes. M. Beclard a montré que l'on peut diminuer à volonté la température d'un muscle constracté, en augmentant, au moyen d'une surcharge, la dose d'énergie visible dégagée par la contraction et dont l'énergie vibratoire est complémentaire.

On est donc porté à reconnaître, dans ces organes, l'existence d'une véritable combustion de carbone, et l'énergie potentielle, qu'elle absorbe, se manifeste sous la forme de chaleur et de travail visible.

Les muscles des animaux se comportent comme de véritables machines à feu, dégageant, en travail, l'énergie qu'ils ont reçue de la combustion ; de sorte qu'ici encore, la loi qui régit les mouvements purement atomiques est vérifiée. Rien ne nous autorise donc à soupçonner, sur ce point, l'action de l'agent immatériel dont nous avons, plus haut, constaté l'existence, dans l'accomplissement des actes volontaires.

Il faut en conclure que l'énergie considérable, développée par les animaux, dans les phénomènes de force qu'ils produisent, est due à l'action, purement atomique, excitée dans leurs muscles par un ébranlement spécial, auquel ils ont été soumis.

Mais poursuivons notre étude et voyons si nous ne découvrirons pas quelque part les sources mêmes de cet ébranlement.

La physiologie nous apprend que les mouvements musculaires sont excités par des filets nerveux, dont les mille ramifications aboutissent, en définitive, au cerveau. Cette action, purement excitatrice de la contraction musculaire, est d'une intensité infiniment moindre qu'elle, et on peut le constater en paralysant, au moyen du curare (1), le nerf qui actionne un muscle puissant; le muscle alors perd immédiatement tout mouvement, mais il le retrouve si on le soumet à un courant électrique, même très faible.

On se ferait une idée assez juste du rôle des nerfs, par rapport aux muscles, en les comparant au doigt qui presse la détente d'une arme à feu et détermine, par cette action insi-

(1) La curare est le redoutable poison, au moyen duquel les indiens rendent mortelle la moindre blessure de leurs flèches. L'être vivant, qui en est atteint, poursuit pendant quelques instants encore sa course; puis, sous l'action toxique qui pénètre l'organisme et s'y propage, il tombe paralysé de tous ses membres, bienque la blessure, en elle-même, soit insignifiante.

gnifiante, la grande quantité de force vive due à l'explosion de la poudre, ou bien encore à l'effort insignifiant du machiniste, qui met en mouvement un train de chemin de fer, ou tous les métiers d'une usine, en tournant légèrement la clef qui distribue la vapeur.

Dans ces deux exemples, le motif déterminant du mouvement, c'est bien la main intelligente qui a pressé la détente ou réglé la vapeur; mais le mouvement lui-même est le produit des actions atomiques développées par l'expansion de la poudre ou par celle de la vapeur, actions auxquelles cet acte intelligent s'est borné à donner le signal.

Je serais incomplet dans mon exposé, si je n'indiquais pas ici l'existence de filets nerveux d'un autre ordre, qui aboutissent, comme les premiers, au cerveau. Ce sont les nerfs de la sensation, lesquels, au lieu de commander aux muscles, comme le font les nerfs moteurs, reçoivent d'eux l'impression des actions moléculaires dont ils sont l'objet de la part du monde extérieur.

On peut donc se représenter assez exactement l'ensemble du système animal, comme étant une machine à feu, extrêmement perfectionnée, communiquant avec le cerveau, considéré comme bureau central, par deux fils télégraphiques, dont l'un est destiné aux dépêches venant du dehors et l'autre aux ordres d'exécution pour les organes extérieurs.

Si l'on veut suivre jusqu'au bout cette comparaison, il faut dire encore que le cerveau, en sa qualité de bureau central, a des archives, où il enregistre, pour les consulter au besoin, toutes les dépêches reçues ou envoyées, lesquelles sont conservées plus ou moins longtemps, suivant leur importance.

Nous distinguerons donc, dans cet organe compliqué, trois catégories de cellules, dont les unes sont impressionnées par les sensations extérieures de l'ouïe, de la vue, du toucher; tandis que d'autres déterminent, par leurs modifications, tous les mouvements volontaires; celle de la troisième classe enfin, constituent, à proprement parler, les instruments de la mémoire et de l'imagination (1).

---

(1) Cette théorie, dite des localisations cérébrales, est due à Claude Bernard, savant contemporain de notre époque.

Une telle classification n'est pas arbitraire,
car on a constaté, par l'examen méthodique
des lésions partielles du cerveau, que la para-
lysie peut atteindre seulement les facultés
motrices, ou les facultés sensitives, ou bien
encore la mémoire, tout en respectant les
autres.

Des expériences méthodiques, faites sur
des animaux qui étaient ensuite sacrifiés, ont
même permis de dresser une sorte de topo-
graphie des cellules cérébrales, relativement
aux fonctions qu'elles remplissent.

L'animal était d'abord endormi par le chlo-
roforme ; puis, au moyen d'un vilebrequin à
très petit diamètre, on perforait le crâne.
Enfin, dans la partie du cerveau ainsi dénudée,
on injectait, par la piqûre d'une aiguille creuse,
un liquide corrosif et coloré.

Le trou, pratiqué dans la boîte osseuse, ét it
alors soigneusement oblitéré, avec de la cire
molle et l'on observait attentivement les
altérations survenues dans la manière d'être
de l'animal réveillé.

Après la mort, la coloration communiquée,
par l'injection, à la partie de la pulpe cérébrale

qui en avait été atteinte, permettait de la reconnaître facilement et de la comparer avec les résultats que l'on avait constatés pendant la vie.

Mais, malgré l'abondance des travaux faits dans cette direction et le soin avec lequel ils ont été conduits, la science physiologique, qui a pu cependant classer, en les différenciant, les divers ordres fonctionnels de cellules, n'est pas parvenue à découvrir encore, ni la nature, ni l'amplitude des modifications qu'elles subissent, pour accomplir l'action qui leur est propre.

Tout ce que l'on peut affirmer, sans crainte d'erreur, c'est que ces altérations, ces modifications fonctionnelles, sont très petites et ne donnent lieu qu'à des dépenses de force extrêmement restreintes.

Comme, d'ailleurs, les cellules cérébrales se trouvent à l'extrémité même de la chaîne des actions physiologiques, c'est là, nécessairement, qu'il faut placer l'intervention de l'agent immatériel, dont la connaissance intime que nous avons de notre liberté nous a révélé l'existence et dont la présence ne s'est montrée nulle part ailleurs, dans le cours des phénomènes expérimentaux que nous avons analysés.

Cette action de l'âme sur la matière atomique, telle que nous l'avons définie, ne peut se produire que par des forces et cette notion est en effet très rationnelle; une force n'étant, de sa nature, qu'une conception immatérielle, bien qu'elle agisse sur la matière, en produisant le mouvement (1).

(1) Il est très intéressant de remarquer que cette notion des forces de l'âme, agissant sur le cerveau, cadre parfaitement avec la doctrine formulée, sur la même question, dans la somme de saint Thomas (première partie, question 91, article 3). Voici en quels termes s'exprime ce docteur :

Ut interiores vires liberius suas operationes habeant ; dum *cerebrum, in quo* quodammodo *perficiuntur* non est depressum.... Et plus loin :

Necessarium fuit quod homo inter omnia animalia, respectu sui corporis, haberet maximum *cerebrum*.... ut liberius *in eo perficerentur operationes virium sensitivarum* quæ sunt *necessariæ ad intellectus operationem.*

C'est au xiii⁰ siècle qu'écrivait saint Thomas ; la dynamique et la physiologie, qui ont servi de base à notre théorie, n'étaient pas connues à cette époque ; il est donc extrêmement remarquable que le génie de ce grand homme, qui fait autorité dans l'Église, l'ait aussi nettement résumée, dans des termes qui en seront la justification, aux yeux de quiconque serait tenté de la considérer comme étant téméraire, au point de vue théologique.

Quand j'abandonne à lui-même un corps pesant, il tombe à terre sous l'action d'une force, celle de la pesanteur, et l'on ne voit pas pourquoi cette force serait nécessairement matérielle. Elle est la résultante des actions élémentaires que nous avons reconnu être propres aux atomes, mais une force analogue, développée par un être immatériel, n'a rien absolument qui répugne à l'esprit.

Je n'entrerai pas ici dans toutes les questions qui peuvent se poser, notamment sur la manière dont on explique, par cette théorie, les phénomènes de l'attention, de la fatigue, du plaisir, de l'habitude. Qu'il me suffise de dire qu'elles reçoivent toutes, dans notre hypothèse, des solutions fort satisfaisantes, au moyen de la notion de forces, appliquées par l'agent immatériel, aux derniers éléments des cellules cérébrales.

V

FACULTÉS CARACTÉRISTIQUES DE L'AME HUMAINE.

L'ÉLÉMENT immatériel, qui se révèle par la liberté, dans tous les êtres doués du mouvement volontaire, nous est apparu jusqu'ici sous un aspect identique chez l'homme et chez les animaux. Cela tient à ce que nous ne l'avons envisagé que sous le rapport exclusif de la fonction, qui lui est commune dans l'un et dans les autres, sans nous occuper aucunement d'étudier les caractères spéciaux qu'il y revêt.

Nous nous proposons, dans le présent chapitre, de pénétrer plus intimement dans l'ana-

4

lyse de cette partie immatérielle des êtres vivants, et cette étude va nous permettre de reconnaître par quelles facultés fondamentales et caractéristiques, parce que seule elle les possède, l'âme de l'homme se distingue de celle des bêtes.

En un mot : nous avons vu jusqu'ici ce qui rapproche ces deux natures, nous allons rechercher maintenant ce qui les sépare et les différencie. Nous reconnaîtrons que la distance, entre les deux, est un infranchissable abîme.

La liberté, qui est le caractère distinctif de l'immatériel, suppose nécessairement la faculté de connaître ce à quoi elle s'applique. Il faut donc étudier l'âme humaine dans sa faculté de connaître et voir dans quelle sphère elle s'exerce ; puis nous porterons notre examen sur l'esprit des animaux, en nous plaçant à ce même point de vue, et nous chercherons ensuite à établir une comparaison.

L'âme de l'homme connaît d'abord les phénomènes matériels, par la sensation ; elle connaît aussi les phénomènes intellectuels et pénètre dans l'ordre des idées abstraites, par le raisonnement ; enfin elle cherche, sous le phénomène lui-même, la cause qui l'a produit, elle a la notion des substances.

Chacun de ces ordres distincts des connaissances a sa manifestation propre, au moyen de laquelle on en peut constater l'existence, ou nier la réalité, dans l'être considéré.

La faculté de connaître la sensation se manifeste par la tendance à rechercher la jouissance et à fuir la douleur.

La faculté de connaître les phénomènes intellectuels se révèle par le raisonnement abstrait, et par la moralité ; c'est-à-dire par une notion précise du bien et du mal, indépendamment de toute idée de récompense ou de châtiment. Cette notion entraîne la perfectibilité.

Enfin la faculté de connaître les causes substantielles des phénomènes produit la connaissance de soi-même, comme entité personnelle, et la religiosité, (1) ou connaissance

(1) Nous désignons par cette expression le sentiment, inné chez l'homme, qu'il a de la divinité, abstraction faite de tout culte positif.

d'un être supérieur à soi, devant lequel on se sent responsable.

L'homme possède ces trois ordres de connaissances, tandis que les animaux n'ont que le premier; et la possession des deux autres est l'attribut exclusif, le signe caractéristique de l'âme humaine.

Afin d'établir notre thèse, nous allons examiner successivement, dans leurs manifestations, ce que j'appellerais volontiers ces trois puissances de l'être immatériel.

Que la connaissance de la sensation soit commune à l'homme et à l'animal, c'est un fait sur lequel il serait superflu d'insister.

L'histoire, chez l'homme, des passions les plus dégradantes, auxquelles il s'abandonne quelquefois, n'est hélas qu'une triste preuve de l'influence qu'exerce sur lui l'appât de la jouissance sensitive, et celle des défaillances auxquelles nous le voyons si souvent succomber, en présence de la menace ou du danger, montre suffisamment son horreur native pour la souffrance.

Chez les animaux, il en est de même, et la connaissance des sensations est chez eux si développée, que c'est par elle que l'homme parvient à former l'éducation de ceux qu'il a dressés pour son usage.

Afin d'inculquer à la bête qu'il veut s'assujettir les habitudes dont il entend profiter, l'éducateur use sur elle des instruments de torture. C'est par le fouet qu'il excite le cheval au travail pénible qu'il lui demande ; c'est par le collier de force qu'il obtient du chien de réprimer ses ardeurs intempestives, et la douleur perçue par ces animaux, au moyen des cellules sensitives, s'enregistrant dans celles de la mémoire, en même temps que le souvenir des circonstances particulières dans lesquelles elle s'est produite, permet à leur esprit de rapprocher les deux phénomènes, de constater la concordance constante de la douleur infligée par le maître avec l'accomplissement de l'acte défendu, et de conclure que, pour éviter l'une, il faut s'abstenir de l'autre. C'est alors que, par une opération immatérielle, car elle est libre, l'animal se détermine, en connaissance de cause, soit à céder, soit à résister aux ordres qu'il reçoit.

Mais la douleur n'est pas le seul moyen

qu'emploie l'éducateur habile, pour tirer parti des animaux, elle n'est pas même le principal, car il sait, s'il possède bien son art, que l'influence de la jouissance est encore plus puissante.

Elle n'expose pas, comme la douleur, l'intelligence de l'animal à la stupeur ou à l'effarement, qui le portent quelquefois à l'abandon du jugement rudimentaire dont il dispose.

Le dresseur consommé sait tirer parti de la jouissance, pour agir sur l'animal, auquel il propose la satisfaction de l'un de ses appétits les plus chers, s'il accomplit le service demandé. C'est ainsi qu'il présente l'avoine au cheval attelé sur un fardeau, tellement disposé qu'il ne puisse atteindre celle-ci qu'en déplaçant celui-là.

L'animal hésite d'abord et cherche à se soustraire à cette alternative, mais, en définitive, il a faim et comme il le sait parfaitement, il s'avance, en donnant résolûment dans le collier, pour atteindre sa nourriture. Le résultat de son effort demeure gravé dans sa mémoire, car il a été de satisfaire une jouissance, et il s'en souvient avec plaisir ; une autre fois, il recommencera et l'habitude complète enfin ce qu'a produit la sensation.

Pourquoi nous faut-il, hélas, reconnaître, en rougissant, que ces deux modes de dressage ont, sur l'homme aussi, une influence prépondérante ?

Ah, c'est que, s'il partage avec la brute la faculté de connaître la sensation, il a, comme elle, un amour inné pour le plaisir et une antipathie absolue pour la douleur. Là est donc le point de contact entre ces deux natures, et cette tendance, qui est commune à l'homme et aux animaux, est précisément ce que les auteurs ascétiques ont appelé la concupiscence, dont la dignité souveraine consiste à savoir triompher.

Mais, passons à la faculté de connaître les phénomènes intellectuels et voyons où elle se rencontre.

Chez l'homme, elle est universellement répandue dans toutes les races, bien qu'elle soit inégalement développée dans chacune d'elles et même dans les divers individus d'une même race.

La manifestation première, je pourrais dire

fondamentale, de cette faculté, c'est la notion, plus ou moins confuse, mais parfaitement certaine, qui existe chez l'homme du juste et de l'injuste, du bien et du mal moral, abstraction faite de l'intérêt.

Les études anthropologiques ont été poussées fort loin de nos jours, et il n'a pas été rencontré de peuple, d'agglomération quelque peu importante d'individus, chez lesquels on ne retrouve cette notion très précise et parfaitement enracinée.

Tous les peuples ne font pas consister le bien et le mal dans les mêmes choses, mais tous ont une loi morale, avec le respect des sages, qui s'y conforment et le mépris des coupables, qui la violent.

C'est cette notion fondamentale qu'a l'homme du juste et de l'injuste, du bien et du mal, qui engendre chez lui la perfectibilité morale. Elle est tout à fait universelle et si, dans certains individus, elle semble s'être oblitérée, par suite de la longue habitude qu'ils ont prise de la violer, il n'est pas besoin de les observer de bien près pour s'assurer que, malgré eux, elle se fait jour de temps en temps, bien qu'ils en aient perverti et dénaturé les tendances.

Absolument générale chez l'homme, cette connaissance est radicalement nulle chez l'animal. C'est à tort que l'on verrait un indice de moralité, chez la bête, dans l'amour et le soin prévoyant qu'a la mère pour ses petits ; car ce phénomène, absolument général dans toutes les espèces, peut fort bien s'expliquer par une modification atomique, purement temporaire, produite dans les cellules cérébrales, en vue de la fonction qui va être réclamée de la mère et tout à fait analogue à celles, du même ordre, qui surviennent dans ses organes spéciaux, lors de la gestation et de l'allaitement.

Par suite de cette modification inconsciente, la mère voit dans ses petits, comme une dépendance d'elle-même, et s'identifie à leurs besoins, à leurs douleurs, comme aussi à leur bien-être. Elle agit, en conséquence de cette assimilation instinctive et use, à cette fin, de sa liberté, comme elle en use pour elle-même. Mais cette sollicitude maternelle disparaît chez

4.

l'animal avec la modification des cellules cérébrales qui l'a produite. Même en cette occasion, il demeure sous l'empire de la sensation et s'abandonne tout entier au désir de la satisfaire.

Si l'animal rencontre un plus faible que lui, il l'opprime sans scrupule et le dépouille sans remords de la nourriture qu'il convoite. Poursuivre la jouissance et fuir la douleur, telle est, sous mille formes variées, l'unique préoccupation à laquelle il consacre toutes les puissances de son être.

En dehors de la sensation, toute sa conduite, purement instinctive, semble avoir été stéréotypée à l'avance sur les habitudes invariables de sa race. Le même oiseau fait toujours le même nid, le renard creuse le même terrier, le castor construit la même hutte sans que, depuis l'antiquité la plus reculée, les siècles qui passent aient apporté le moindre progrès dans les procédés qu'ils emploient.

Nous sommes donc parfaitement fondés à voir, dans la perfectibilité morale, l'apanage exclusif de l'humanité, et c'est une preuve, entre tant d'autres, que, seule, elle possède la

connaissance des phénomènes intellectuels
et peut, par un raisonnement logique et certain, déduire des conditions dans lesquelles
tel ou tel acte est posé, la connaissance de
ce qui lui manque pour être plus parfait.

Etudions maintenant quelles sont les manifestations de la faculté de connaître les causes
substantielles, et voyons chez quels êtres se
produisent ces manifestations.

Nous devons d'abord faire une première
observation, au seuil de cet examen, c'est que
la connaissance de la cause substantielle d'un
phénomène sensible quelconque suppose
nécessairement celle des phénomènes intellectuels, connaissance dont nous avons constaté l'absence complète chez l'animal et que
nous avons reconnu être caractéristique de
l'humanité.

En effet : j'éprouve une sensation, elle im-
pressionne mon âme ; si je n'ai pas la connaissance des phénomènes intellectuels, je ne me
demanderai pas quel est l'auteur caché de
cette sensation, je la prendrai pour ce qu'elle
est, et je l'attribuerai à qui paraît sensible-
ment l'avoir causée. Enfin j'agirai, en consé-

quence de cette apparence, pour la rechercher ou pour la fuir, suivant qu'elle aura été agréable ou pénible.

C'est invariablement ainsi que se comportent les animaux ; mais l'homme procède tout autrement et, après avoir pourvu au plus pressé, en agissant suivant le besoin du moment, comme aurait fait la bête, il y revient par la réflexion, et se demande : qui donc a pu produire un tel résultat ? Il médite, il essaie, il combine ses efforts pour parvenir à le découvrir; il veut voir *quod sub stat,* en un mot, il cherche la cause substantielle des phénomènes.

La première cause substantielle qu'il rencontre dans ses recherches, c'est lui-même.

L'homme a la connaissance certaine de son individualité propre, de ce qu'il appelle moi, et cette connaissance, il la possède indépendante des sensations qu'il peut éprouver. C'est le sens intime, auquel nous avons déjà fait appel au cours de ce travail, et dont chacun de nous est impuissant à nier le témoignage, toujours présent, toujours vivant.

Ayant en lui-même la notion du moi personnel et des phénomènes intellectuels qui s'y accomplissent, l'homme le découvre également dans ses semblables et, comme conséquence de cette découverte, il éprouve le besoin d'échanger avec eux ses connaissances pour les vérifier et les compléter, en les comparant. Ce besoin d'échange intellectuel se traduit par le langage, et par langage il convient d'entendre ici, non seulement le langage phonétique, mais encore celui des signes, or nous savons qu'il est universel.

Que deux hommes, absolument étrangers l'un à l'autre par la race et par la langue, se rencontrent dans une île déserte, immédiatement ils éprouveront le besoin de converser ensemble et se comprendront, usant d'un langage qui, pour être exclusivement mimique, n'en est pas pour cela moins expressif et moins précis.

D'où viens-tu? Comment es-tu arrivé ici? Que comptes-tu faire pour en sortir?

Tel sera, sans aucun doute, le thème de leur conversation et on peut être certain qu'elle sera très animée.

On le voit tout de suite, cette conversation

suppose la conscience et la recherche des causes substantielles qui en est au fond tout l'objet.

Rien de pareil chez l'animal : s'il rencontre son semblable, il se préoccupe uniquement de lui disputer sa proie et ne le recherche que s'il trouve en lui un objet de jouissance, ou une protection contre le danger.

Jamais, dans ses actes, il ne se propose pour fin dernière l'intention de manifester sa pensée, bien que, en tendant à un but tout autre, il la manifeste cependant fort souvent (1).

La connaissance naturelle qu'a l'homme des causes substantielles se manifeste aussi d'une autre manière, plus relevée que celle dont nous venons de vérifier les indices. Elle est, s'il est possible, plus caractéristique encore de sa nature; je veux parler de sa religiosité.

Chez les peuples, même les plus barbares, on rencontre la croyance à un être supérieur,

____

(1) C'est la doctrine exprimée par saint Thomas *Summa theologica*, 22, 9, 110, a. 1. *Etsi bruta animalia aliquid manifestent, non tamen manifestationem intindunt.*

dans la dépendance duquel ils se reconnaissent, vis-à-vis lequel ils se sentent responsables du bien et du mal qu'ils ont fait et dont ils ont, nous l'avons vu, conscience par la moralité.

Voici quel est, sur ce point, le témoignage qu'apporte M. de Quatrefages, ce savant professeur d'anthropologie au Collège de France, dont personne assurément ne saurait contester la compétence, non plus que la sincérité :

« Obligé par mon enseignement de passer
« en revue toutes les races humaines, j'ai
« cherché l'athéisme chez les plus inférieures,
« comme chez les plus élevées, je ne l'ai
« rencontré nulle part, si ce n'est à l'état in-
« dividuel ou à celui d'écoles plus ou moins
« restreintes, comme on l'a vu en Europe au
« siècle dernier et comme on l'y voit encore
« aujourd'hui.

« Est-il vrai que des faits analogues se
« soient produits ailleurs et que quelques
« tribus américaines, quelques populations
« polynésiennes ou mélanésiennes, quelques
« hordes de bedouins aient totalement perdu
« les notions de la divinité et d'une autre

« vie ? La chose est certainement possible ;
« mais, à côté d'elles vivaient d'autres tribus,
« d'autres populations, d'autres hordes, exac-
« tement de même race et où s'était conservée
« la foi religieuse. C'est ce qui résulte des
« exemples mêmes cités par Lubbock.

« Là est le grand fait, l'athéisme n'est nulle
« part, qu'à l'état errotique. Partout et tou-
« jours la masse des populations lui a échappé.
« Nulle part, ni une des grandes races hu-
« maines, ni même une division, quelque
« peu importante de ces races, n'est athée.

« Tel est le résultat d'une enquête, qu'il
« m'est permis d'appeler consciencieuse et
« qui avait commencé bien avant mon entrée
« dans la chaire d'anthropologie.

« Il est vrai que, dans ces recherches, j'ai
« procédé, j'ai conclu, non pas en penseur,
« en croyant, en philosophe, tous plus ou
« moins préoccupés d'un idéal qu'ils accep-
« tent ou qu'ils combattent, mais exclusive-
« ment en naturaliste qui, avant tout, re-
« cherche et constate des faits. » (*l'Espèce
humaine, p. 355 et 356).

Ce sentiment religieux, que nous trouvons

partout chez l'homme, jamais on ne l'a constaté chez l'animal. Le respect et l'attachement du chien pour son maître ne font pas exception à cette règle, car la connaissance qu'il a, par le témoignage permanent de ses organes, de la présence de son maître, qu'il voit, qu'il entend, dont il reçoit le bien-être, ne saurait se confondre avec l'idée abstraite et cependant dominante, qu'a l'homme de la divinité et de la vie future, dont son intelligence supérieure lui révèle invariablement l'existence.

L'athéisme, chez l'homme, c'est une forme inavouée de la révolte, de la haine qu'il nourrit contre l'être souverain, vengeur et rémunérateur, dont il a méconnu les préceptes, mais devant lequel il frémit en lui-même, quand il se trouve seul à seul avec lui, dans le silence de sa conscience.

Le véritable athée, c'est la brute qui, par son indifférence profonde et absolue, montre suffisamment qu'elle est sincère. Bien qu'il soit peut-être peu flatteur de l'avouer, c'est elle qu'il faut prendre pour modèle et pour chef d'école, quand on entre dans cette voie, et il est assez piquant d'observer, de nos jours, qu'entraînés malgré eux par la logique des situations, c'est elle que nos modernes athées revendiquent pour ancêtres, car la religiosité est l'une des facultés caractéristiques de l'âme humaine.

En résumé, l'âme de l'homme se différencie de celle des animaux, parce qu'elle connaît les phénomènes intellectuels, parce qu'elle recherche et connaît les substances, dont ceux-ci n'ont aucune idée, parce qu'enfin elle tend sans cesse vers Dieu, dont la pensée la préoccupe et l'absorbe tout entière, quoi qu'elle fasse, alors même que, dans son délire, elle ne le connaît que pour le maudire.

Cette différence essentielle, entre l'âme de l'homme et celle des animaux, nous permet d'apprécier d'une façon très nette ce qu'est la liberté de ces derniers, par rapport à la liberté humaine.

La liberté, nous l'avons vu, est le caractère distinctif de l'être vivant, quel qu'il soit, c'est elle qui le sépare de la plante et qui produit les mouvements volontaires, nous révélant ainsi quelque chose en lui, qui n'est pas la matière.

Mais, tandis que l'homme se détermine, non seulement en vue des sensations qu'il éprouve, mais encore des notions qu'il possède de la mortalité, tandis qu'à côté de la jouissance ou de la douleur qu'il prévoit, il envisage, dans son acte, un devoir qu'il peut accomplir ou violer; l'animal, lui, ne se guide que par la sensation, dont il ignore même les causes substantielles et qu'il attribue à ce qui semble la produire.

Voilà pourquoi, bien qu'il soit libre, en principe, de vouloir ou de ne pas vouloir l'acte auquel il se détermine, l'animal est inconscient dans son choix, en tant qu'il s'agit d'en vérifier la mortalité, puisque c'est là une faculté dont il est radicalement dépourvu.

La connaissance de Dieu, cause première de toutes choses et auquel tout être créé doit obéissance à ce titre, lui fait également défaut; il est donc tout naturel qu'il ne soit pas responsable envers lui de ses actes, pas plus que ne le serait un aveugle du choix qu'il aurait fait, par un mouvement, volontaire cependant, entre des morceaux d'étoffe rouges ou bleus, verts ou jaunes.

L'aveugle a choisi l'étoffe, qu'il distingue par le toucher ; mais il n'a pu choisir la couleur, dont il n'a pas la notion et dont la perception lui échappe absolument.

Si donc, pour compléter ma comparaison, je suppose qu'un devoir ait prescrit de choisir telle couleur et d'éviter telle autre, il ne saurait être responsable d'avoir violé ce devoir, qui n'existe pas pour lui, car, des couleurs, il n'a pas conscience.

C'est ainsi que se concilie parfaitement l'irresponsabilité des animaux, qui est certaine avec la liberté de leurs actes volontaires, qui est caractéristique de la vie.

L'animal est libre et n'est pas responsable, parce que la connaissance, qui sert de base à sa liberté, est exclusive de toute moralité, et qu'il est aussi incapable de tendre au bien, qu'il ignore que d'éviter le mal, dont il n'a pas la notion.

On voit, d'après ce rapide exposé, si nous avions raison, quand nous disions tout à l'heure que ce qui sépare l'homme de la bête, ce n'est pas seulement une nuance, comme on l'a prétendu, mais que c'est en réalité un infranchissable abîme.

VI

ACTIONS MUTUELLES DE L'AME ET DU CORPS.
PLAN DIVIN.

AIS poursuivons notre étude et voyons quelles sont les conséqueuces naturelles du mode d'action que nous avons constaté, de l'âme sur le corps.

Le moi immatériel perçoit, nous l'avons dit, les influences extérieures au moyen de forces volontaires qu'il applique aux organes ultimes de la sensation, les rapproche des impressions enregistrées dans ceux de la mémoire, et tire de cette opération matérielle, des conséquences, porte un jugement, se forme une appréciation purement immatérielle, d'après laquelle il détermine librement sa volonté, pour la traduire en actes, par l'application des forces, dont il dispose, aux organes cérébraux des mouvements corporels.

Il est extrêmement important, si l'on veut ne pas errer dans cette intéressante question, que l'on pourrait appeler, assez justement, l'étude du mécanisme de la pensée, de bien distinguer l'ordre et la nature des phénomènes successifs, au moyen desquels la sensation est perçue par l'âme, qui se détermine au mouvement volontaire par lequel elle a résolu d'y répondre et nous venons de poser, en termes que nous croyons précis, bien qu'ils soient très sommaires, les bases de cette distinction capitale. Elle rend très bien compte des altérations qui se produisent, jusque dans le jugement lui-même, par suite des lésions cérébrales.

Dans la correspondance intime qui s'établit, au moyen de forces volontaires, entre l'âme immatérielle et les cellules cérébrales, qui sont matérielles, il se passe quelque chose de très analogue à celle qui existe entre un cavalier expérimenté et le cheval bien dressé auquel il fait faire des exercices de haute école.

C'est par l'influence combinée de l'assiette, des jambes et de la main, en un mot des aides, pour employer ici l'expression consacrée, que le cavalier communique sa volonté au noble animal qu'il domine, qu'il rassemble et tient pour ainsi dire dans sa main. Cette influence des aides n'est autre chose qu'une série ininterrompue et graduée de pressions; c'est-à-dire de forces variables dans leur direction, dans leur intensité et leur point d'application, au moyen desquelles il agit sur sa monture.

Réciproquement, si le cheval résiste, se regimbe et refuse l'obéissance, c'est par les pressions, dont il sent à son tour l'action sur lui-même, que le cavalier est averti de ces révoltes, qui posent une limite à sa puissance et le forcent souvent à biaiser pour arriver à son but; quelquefois même à capituler tout à fait, s'il a eu l'imprudence d'engager la lutte dans de mauvaises conditions.

C'est bien là l'image de l'action de l'âme sur le corps. Souveraine dans le domaine de la volition, elle voit sa puissance discutée, combattue, dans celui de l'exécution, par des résistances matérielles, contre lesquelles il lui faut péniblement lutter.

Cet aperçu, nouveau par la forme sous lequel nous le présente l'étude scientifique à laquelle nous nous livrons, n'est après tout, que l'énoncé d'une vérité qui se rencontre à chaque page dans les écrits des auteurs ascétiques.

Tous, ils posent une distinction précise entre la partie supérieure de nous-mêmes, l'âme proprement dite, et la partie inférieure, les instincts, les tendances indélibérées vers le bien-être, en un mot la bête, comme ils l'appellent en termes si énergiques et en même temps si vrais. La bête qui nous sollicite sans cesse vers la jouissance, sans souci du devoir ; mais qui n'engage notre responsabilité que quand elle est parvenue à surprendre l'adhésion libre et volontaire de notre âme.

A un autre point de vue, sous le rapport des connaissances, qu'elle ne peut acquérir que par les sens, et de ses actes extérieurs, qu'elle ne peut accomplir que par leur concours, l'âme, pendant la vie, est absolument, par rapport au corps auquel elle est assujettie, dans la situation d'un prisonnier qui, n'ayant de ce qui se passe au dehors de son cachot,

d'autres notions que celles qu'il peut recueil-
lir en écoutant aux portes, et regardant dans
un miroir aux ternes reflets, conserve cependant la liberté de consulter les quelques
livres composant la bibliothèque mise à sa
disposition, ou les notes qu'il a prises, et de
transmettre au dehors l'expression de sa
volonté par des lettres qu'il écrit et confie à
ses gardiens, plus ou moins diligents, pour
les porter à leur adresse.

Le corps, en un mot, est pour l'âme un
impedimentum, un bagage nécessaire, mais
souvent bien pesant, dans le voyage qui cons-
titue la vie et qui est lui-même essentiellement une épreuve.

Afin de revenir aux considérations qui nous
occupent, je résumerai ma thèse en disant
que, depuis l'apparition dans le monde, de
l'homme et des animaux, l'ensemble des forces
aveugles qui régissent la matière est venu
se compléter par une multitude de forces
volontaires et intelligentes qui, très petites
quant à l'énergie directe quelles développent,
suffisent cependant pour produire, à la surface
du globe terrestre, des résultats visibles rela-

tivement importants, grâce aux forces atomiques considérables dont elles déterminent et gouvernent indirectement l'action ; tout à fait comme le mécanicien, dont nous avons parlé, gouverne sa machine, par le jeu insignifiant du robinet qu'il manie sans effort.

Mais que devient alors, en présence de ce grand nombre d'agents parfaitement libres, le plan providentiel, dont nous avons cherché à esquisser la nature dans un précédent chapitre? car, dans ce monde, dont les forces atomiques sont associées à des forces volontaires qui les influencent, il n'est plus exact de dire, précisément à cause de la liberté des dernières, que le jeu des autres soit la conséquence nécessaire de l'état initial et des lois voulues par le Créateur.

Cette difficulté, plus apparente que réelle, se dissipe d'elle-même, si nous voulons réfléchir un instant sur la nature et l'immensité de Dieu.

Dieu est substance et, comme tel, parfaitement indépendant du temps et de l'espace, dont la relation n'existe que par rapport aux phénomènes ; il saisit donc, par la même intuition, le passé, le présent et l'avenir, dont la connaissance absolue fait partie de son immensité.

Il savait, dès le commencement, il voyait comme lui étant actuellement présent, l'usage que chacun des êtres vivants auxquels il donnerait l'existence, dans la suite des siècles, ferait de sa liberté, en toute circonstance, et cette prescience divine ne portait aucun préjudice à la liberté même de ceux-ci; car les actes libres ne sont pas posés parce qu'ils ont été prévus, mais ils sont prévus parce qu'ils seront posés.

Le temps est un élément nécessaire de nos actes, puisque tout acte est un phénomène et que tout phénomène implique nécessairement la notion du temps et de l'espace; mais son influence intrinsèque sur le phénomène est toujours la même et il joue, par rapport à l'acte, un rôle très analogue à celui du papier, par rapport à l'image qui s'y projette au foyer d'une chambre noire: il le supporte sans l'influencer.

On peut donc, sans altérer essentiellement un fait quelconque, changer le temps auquel il s'accomplit, pourvu que tous les autres éléments qui le constituent soient maintenus rigoureusement les mêmes, on peut, par suite, appliquer à l'avenir ce qui est vrai du passé.

Or, nul de nous n'est tenté de supposer que la connaissance précise que nous avons aujourd'hui de tel ou tel acte posé par Louis XIV ou par Napoléon Ier, ait empêché ces grands hommes de se déterminer d'une manière absolument libre, l'orsqu'ils ont agi.

Il faut donc nécessairement reconnaître, en renversant la question, que nulle impossibilité essentielle ne s'oppose à ce que la prescience de Dieu s'exerce, même sur les actes libres, sans altérer dans aucune de ses conditions la complète liberté avec laquelle ils s'accompliront dans l'avenir.

L'espace, nous l'avons dit, est comme le temps, un élément indispensable de tout acte matériel, puisque, en tant que phénomène, cet acte s'accomplit nécessairement quelque part. Mais tous les jours, nous voyons, à distance dans l'espace, les actions de nos semblables, sans que cette claire vue, que nous en avons, à leur insu, altère aucunement la liberté complète avec laquelle ils agissent.

Pourquoi donc nous répugnerait-il d'admettre, de la part de Dieu, une vue à distance dans le temps, aussi respectueuse de la liberté que l'est notre vue à distance dans l'espace, puisque ces deux éléments, temps et espace, jouent, par rapport à l'acte lui-même, un rôle très analogue?

Dieu avait en vue tous les actes libres, lorsqu'il tirait du néant les atomes de l'univers, et il pouvait, sans modifier aucune des lois générales qu'il posait, tenir compte de chacun des actes qui devaient se produire.

Il lui a suffi pour cela de choisir un état initial susceptible d'amener, par le jeu naturel des lois générales qu'il a réglées, et le concours, qu'il a prévu, des autres actes libres antérieurs à celui considéré, la situation précise en face de laquelle il avait résolu de placer sa créature, pour atteindre, au moyen de l'usage, connu par lui, qu'elle ferait de sa liberté, le but même qu'il s'est proposé.

Dieu n'a pas soumis les lois du monde au vote universel ; mais il a tenu compte de toutes les libertés et les a fait entrer dans son plan, qui n'en demeure pas moins pour cela parfaitement stable et défini.

Au nombre des actes libres dont notre âme est susceptible, il en est un, la prière, par lequel, reconnaissant sa faiblesse naturelle et sa dépendance, elle implore le secours de Dieu et sa protection.

Cet acte a le privilège d'exciter, plus que tout autre, les attaques des libres-penseurs.

Suivant eux, la prière est inutile, si elle demande à Dieu ce qu'il a résolu d'accomplir ; elle est absurde, si elle le sollicite à sortir de son immutabilité, pour faire autrement qu'il ne l'avait d'abord résolu.

Elle est donc, en tout cas, un acte absolument irrationel.

Laissons la parole à l'un d'eux, dont les écrits font autorité, M. Jules Simon. Dans un ouvrage, qui date d'environ vingt années et qu'il intitule *la Religion naturelle,* sans doute par antinomie avec *la Religion révélée ,* voici comment il s'exprime, à propos de la providence divine et de la prière :

« Si l'on disait tout simplement que la
« volonté de Dieu est présente partout, comme
« son intelligence, il faudrait le reconnaître ;
« mais là n'est pas la question. Ce que l'on

« demande, dans le système que nous exa-
« minons, ce n'est pas que Dieu puisse agir
« partout, ce n'est pas même qu'il agisse par-
« tout; sur ces deux points, il n'y aurait
« aucune contestation, c'est qu'il modifie ses
« résolutions, qu'il interrompe le cours de ses
« lois générales, par suite de l'usage que les
« hommes auront fait de leur liberté. En un
« mot, on demande que la plan de l'univers
« ne soit pas stable, que les résolutions de
« Dieu ne soient pas immuables, que ses vues
« ne soient pas exclusivement générales, que
« son acte ne soit pas unique, que sa sérénité
« ne soit pas absolue; mais qu'au contraire
« il reçoive en lui des mouvements causés
« par sa créature, qu'il réponde par des réso-
« lutions nouvelles à nos vœux, à nos fautes;
« en un mot, car il n'y a pas moyen de résis-
« ter à cette conséquence, et elle nous revient
« de toutes parts, qu'il tombe avec nous dans
« le temps, ce qui est absurde. » (*La Religion naturelle*, 2ᵉ partie, chap. IV).

Plus loin il ajoute : « Il n'est pas permis
« de demander à Dieu des choses pour les-
« quelles on rougirait d'importuner un ami.

« Quand même il s'agirait de toute notre
« fortune, est-il d'une âme religieuse de ne
« comparaître devant son créateur que pour
« en faire le confident d'une pensée d'avarice?
« Dans le combat que se livrent nos convoi-
« tises, Dieu est indifférent ou, s'il accorde
« sa protection, il ne l'accorde qu'au courage
« et au travail.

« C'est donc en travaillant et non en
« formant des vœux que nous pouvons
« réussir.

« En courant dans une plaine, je sens tout
« à coup la terre me manquer et que je suis
« précipité. O mon Dieu, sauvez-moi ! C'est
« le cri que la nature m'inspire, mais comment
« Dieu me sauvera-t-il ?

« Sera-ce par un miracle, en suspendant
« l'action des lois de la pesanteur ?

« Non : cette espérance ne traverse pas
« même mon esprit. Je demande à Dieu de
« me faire trouver une branche secourable
« au lieu de me laisser rouler jusqu'à l'abîme.
« Mais cette branche, elle est là dans la
« direction de mon corps. Si elle y était avant
« ma prière, j'ai prié en vain; si elle n'y

« était pas et que Dieu l'y mette, ce miracle
« n'est pas moins étonnant que de suspendre
« les lois de la pesanteur.

« Ainsi ma prière, si elle est sérieuse, est
« la demande formelle d'un miracle. C'est
« qu'au fond elle n'est que l'instinct irréfléchi
« d'un être faible qui se sent périr et qui in-
« voque le Dieu dont il tient la vie. » (Même
ouvrage, 4ᵉ partie, chap. Iᵉʳ).

A ces objections, qui conduisent au pur fatalisme et à la négation de l'efficacité de la
prière, la réponse est facile et nous l'avons
déjà faite.

La série des événements dépend de l'état
initial et cet état a été choisi par Dieu en vue
des actes libres et entre autres des prières,
qu'il savait que nous lui adresserions.

D'où il suit que, tout en dérivant par les
lois générales de l'état initial du monde, tout
en restant, par conséquent, de purs événements naturels, les bienfaits que Dieu nous
accorde peuvent très bien avoir, pour cause
déterminante, la demande que nous lui adres-
sons et sans laquelle un autre état initial

5.

aurait, de par les mêmes lois, amené un résultat tout différent.

Il ne sera peut-être pas sans intérêt de citer ici ce que pensait, sur cette question, Euler, qui n'était pas absolument le premier venu parmi les hommes de son temps, et dont le jugement a bien sa valeur.

Voici ce qu'il écrivait en 1760, c'est-à-dire à une époque où le scepticisme était tout à fait à la mode :

« Quand Dieu a établi le cours du monde,
« et qu'il a arrangé tous les événements qui
« devaient arriver, il a eu égard à toutes les
« circonstances qui accompagnaient chaque
« événement, et particulièrement aux vœux
« et aux prières de chaque être intelligent,
« et l'arrangement de tous les événements a
« a été mis parfaitement d'accord avec toutes
« ces circonstances.

« Quand donc un fidèle adresse à Dieu une
« prière digne d'être exaucée, il ne faut pas
« s'imaginer que cette prière ne parvient
« qu'à présent à la connaissance de Dieu. Il
« a déjà entendu cette prière depuis toute
« éternité et si ce père miséricordieux l'a

« jugée digne d'être exaucée, il a arrangé
« exprès le monde en faveur de cette prière,
« en sorte que l'accomplissement fut une
« suite du cours naturel des événements.

« C'est ainsi que Dieu exauce les prières
« sans faire des miracles, quoiqu'il n'y ait
« aucune raison de nier que Dieu ait fait et
« fasse encore quelquefois des miracles.

« L'établissement du cours du monde une
« fois fixé, loin de rendre nos prières inutiles,
« comme le prétendent les esprits forts,
« augmente plutôt notre confiance en nous
« apprenant cette vérité consolante, que
« toutes nos prières ont déjà été présentées,
« dès le commencement, aux pieds du trône
« du tout-puissant, et qu'elles ont été placées
« dans le plan du monde comme des motifs
« sur lesquels les événements devaient être
« réglés conformément à la sagesse du
« créateur.....

« Il en faut absolument conclure que les
« êtres intelligents et leur salut doivent avoir
« été le principal objet sur lequel Dieu a
« réglé l'arrangement du monde, et nous
« devons être assurés que tous les événe-

« ments qui y arrivent sont dans la plus mer-
« veilleuse liaison avec les besoins de tous
« les êtres intelligents, pour les conduire à
« leur véritable félicité; mais sans contrainte,
« à cause de la liberté, qui est aussi essen-
« tielle aux esprits que l'étendue l'est aux
« corps. Il ne faut donc pas être surpris qu'il
« y ait des êtres intelligents qui n'arriveront
« jamais au bonheur.» (90ᵉ *lettre à une prin-
cesse d'Allemagne*, Saint-Petersbourg, 1768,
ouvrage réimprimé à Paris, par Saisset, en
1843).

Ce langage, tenu par le mathématicien Euler
au XVIIIᵉ siècle, c'était dès le XIIIᵉ siècle
l'enseignement de saint Thomas d'Aquin (1);
celui de saint Grégoire le Grand au VIᵉ siècle
n'était pas autre, et si les exigences positives
de l'étude, que nous nous sommes éfforcé
d'esquisser dans ces pages, nous ont conduit

(1) Summa theologica (2 2ᵃᵉ, quest. 83, art. 2).

Non euim propter hoc oramus ut divinam dispositionem immutemus, sed ut id impetremus quod deus disposuit per orationes esse implendum, ut scilicet *homines postulando mereantur occipere quod eis deus omnipotens ante secula disposuit donare* ut Gregorius dicit in lib. I dialogorum (cap. VIII a med.).

à des conclusions qui peuvent surprendre au premier abord, effaroucher même les idées généralement reçues, elles ont au moins le mérite, ainsi que nous avons déjà eu plusieurs fois l'occasion de le faire observer, de nous avoir montré, sous un jour exclusivement scientifique, la vérité d'une doctrine qui fut, à toute époque, professée par les plus grands penseurs dont l'humanité ait droit de s'énorgueillir.

CONCLUSION

——

Résumons, en quelques lignes, les conclusions de ce modeste ouvrage.

J'espère y avoir établi d'une façon exclusivement scientifique :

D'abord que le monde matériel a eu un commencement, ensuite et, comme conséquence, qu'il a eu un auteur.

Que cet auteur a posé, dès l'origine, des lois immuables auxquelles la matière obéit, d'une façon nécessaire, car elle est absolument inerte et incapable de volonté.

Que les êtres vivants et libres ne sont pas exclusivement matière et que la partie immatérielle d'eux-mêmes réagit sur le monde matériel, dont elle modifie, à chaque instant les conditions, dans certaines limites, et ce notamment par les prières et par les actes positifs de religion.

Mais que ces actions libres de ses créatures ne préjudicient en rien au plan providentiel de Dieu, qui a tout vu, tout coordonné en vue de l'usage, connu de lui, qu'elles feraient de leur liberté, et en tenant compte de leurs demandes, de leurs prières, comme aussi de leurs révoltes et de leurs blasphèmes, pour tirer de son œuvre le résultat final qu'il a voulu de toute éternité.

Dieu, qui a donné à l'homme la liberté absolue de vouloir ou de ne pas vouloir, a inculqué, au plus intime de cette créature d'élite, les notions de la moralité, qui lui font distinguer le bien du mal, et la connaissance de son auteur, envers lequel il se sent responsable ; mais il a renfermé, dans des limites fort étroites, son action personnelle sur le monde.

Voilà pourquoi, s'il nous demande toujours un compte sévère de nos efforts pour le bien,

jamais il ne nous rend responsables du succès
de nos entreprises ; car le succès, ce n'est pas
notre affaire, et il s'est réservé, à lui seul, le
soin d'en décider.

Aussi, cette pensée doit-elle demeurer gra-
vée au plus intime de nous-mêmes, comme
une force et un encouragement pour l'homme
de bien ; au milieu des luttes de la vie, il doit
se guider invariablement par la considération
du devoir, et c'est surtout à l'époque de
troubles et de défaillances presque univer-
selles que nous traversons, qu'il faut se
pénétrer de la vieille devise de nos pères,
maintenant si oubliée et pourtant si française :

Fais que dois, advienne que pourra !

APPENDICE

Nous avons réservé à dessein, pour la traiter dans une note spéciale, à la fin de cette étude, la démonstration de la vérité suivante :

Le nombre infini est essentiellement indéterminé.

Nous pensons qu'il suffira à tout lecteur sérieux de suivre attentivement le raisonnement que nous allons développer ici, pour se pénétrer de cette vérité, et cela, sans qu'il lui soit nécessaire, pour y parvenir, de posséder déjà des notions précises dans les sciences abstraites.

Quand on compare entre elles deux quantités du même ordre; qu'il s'agisse du temps, de l'espace ou des nombres, il faut nécessairement, si ces quantités sont déterminées, que l'on arrive à l'une ou à l'autre des deux conclusions que voici :

Ou bien les deux quantités sont égales, ou l'une des deux est plus grande que l'autre, et cette constatation doit résulter positivement de la comparaison qu'on a faite, sans qu'il y ait d'incertitude possible.

Il n'est pas besoin de réfléchir bien longtemps pour se convaincre qu'en dehors de cette alternative, il n'en existe aucune et que les deux résultats ne peuvent coexister.

Dire d'une quantité qu'elle est à la fois égale, plus grande et plus petite qu'une autre quantité du même ordre, c'est dire qu'elle est indéterminée, car, dans ce cas, la comparaison devenant illusoire, tous les résultats sont également admissibles.

Si je prends un objet réel, une barre de fer, par exemple, et que j'en rapproche une autre barre de fer, j'affirme avec certitude que cette dernière est plus grande que la première lorsque, les juxtaposant à l'une de leurs extrémités, je constate, à l'autre extrémité, un excédant de longueur.

Que l'on vienne plus tard me montrer clairement une coïncidence parfaite entre les deux barres de fer, dans toute leur étendue, c'est-à-dire me prouver qu'elles sont égales, j'en concluerai nécessairement qu'elles ont été changées, qu'elles ne sont plus les mêmes ; en d'autres termes, que la dernière expérience a été faite avec d'autres barres que celles déterminées par la première, car ces deux résultats différents sont incompatibles.

Ce raisonnement, très facile à saisir, est parfaitement rigoureux ; appliquons-le à l'objet qui nous occupe.

Quelle que soit la nature de la quantité que l'on envisage, qu'il s'agisse du temps, de l'espace ou du nombre, nous pouvons représenter chacune des unités qui la composent par une boule blanche et l'ensemble par une série de ces mêmes boules. Or, comme rien ne limite notre faculté de concevoir sans cesse de nouvelles boules semblables aux précédentes, nous en imaginons sans peine une série infinie, susceptible par conséquent de nous représenter le nombre infini de l'ordre considéré.

Comparons donc une telle série de boules à une série, également infinie, d'autres boules, se distinguant des premières par une qualité quelconque, la couleur par exemple (nous les supposerons rouges), puisque ces deux séries sont infinies, à partir de la première boule considérée dans chacune d'elles, il s'en suit que, ni dans l'une ni dans l'autre, aussi loin que l'on veuille pousser les recherches, jamais on n'atteindra la dernière unité.

Je puis, par conséquent, affirmer avec certitude que les deux séries sont égales.

Pour le démontrer, il me suffira d'accoupler par la pensée, deux à deux, toutes les boules qui composent l'une d'elles avec les boules correspondantes de l'autre : La première rouge avec la première blanche, la seconde avec la seconde et ainsi de suite. — Il est, en effet, impossible de supposer que l'une des deux séries manque jamais d'unités pour ré-pondre à celles de l'autre, puisqu'elle est infinie comme elle et que, si elle venait à en manquer, c'est que nous aurions atteint la dernière, ce qui répugne, nous l'avons vu, à la notion même de l'infini.

Les deux séries sont donc absolument égales parce qu'elles sont infinies.

Mais je puis, avec une même certitude, affirmer que, pour la même raison, l'une d'elles est un multiple quelconque de l'autre.

Il me suffit, pour le démontrer, d'accoupler par la pensée la première boule de l'une à la première dizaine de l'autre, la deuxième de celle-ci à la seconde dizaine de celle-là et ainsi de suite; car il est certain que le nombre de boules absorbé par cette combinaison nouvelle est décuple dans l'une des séries de ce qu'il est dans l'autre, et cela à quelque point que l'on conduise l'opération.

D'ailleurs, le caractère infini, que nous avons supposé être commun à toutes les deux, s'oppose absolument à ce que l'une d'elles puisse jamais manquer d'unités pour continuer cet arrangement, il faut donc nécessairement admettre comme démontré que l'une des séries, considérée dans son ensemble, est décuple de l'autre. On pourrait, par un raisonnement tout semblable, arriver à conclure qu'elle est cent fois, mille fois plus grande. Enfin, on peut aussi, en inversant l'opération, reconnaître que la série rouge, tout à l'heure constatée plus grande que la blanche, est au contraire plus petite qu'elle ; dans tous les cas, la démonstration se présente à notre esprit avec le même caractère de rigueur absolue, et l'on voit que c'est la notion même de l'*infini* qui donne, aux séries très générales que nous avons considérées, cette propriété singulière.

Or, la coexistence de tous ces résultats contradictoires implique nécessairement l'*indétermination* des quantités comparées. Elle en est à proprement parler l'essence, et il serait absurde de la concevoir comme possible entre quantités déterminées.

Donc il est rigoureusement vrai de dire que le nombre infini est essentiellement indéterminé, et c'est précisément là la vérité fondamentale que nous nous étions proposé d'établir.

FIN.

TABLE DES MATIÈRES

Rouen. — Imp. Léon Deshays, rue des Carmes, 58.

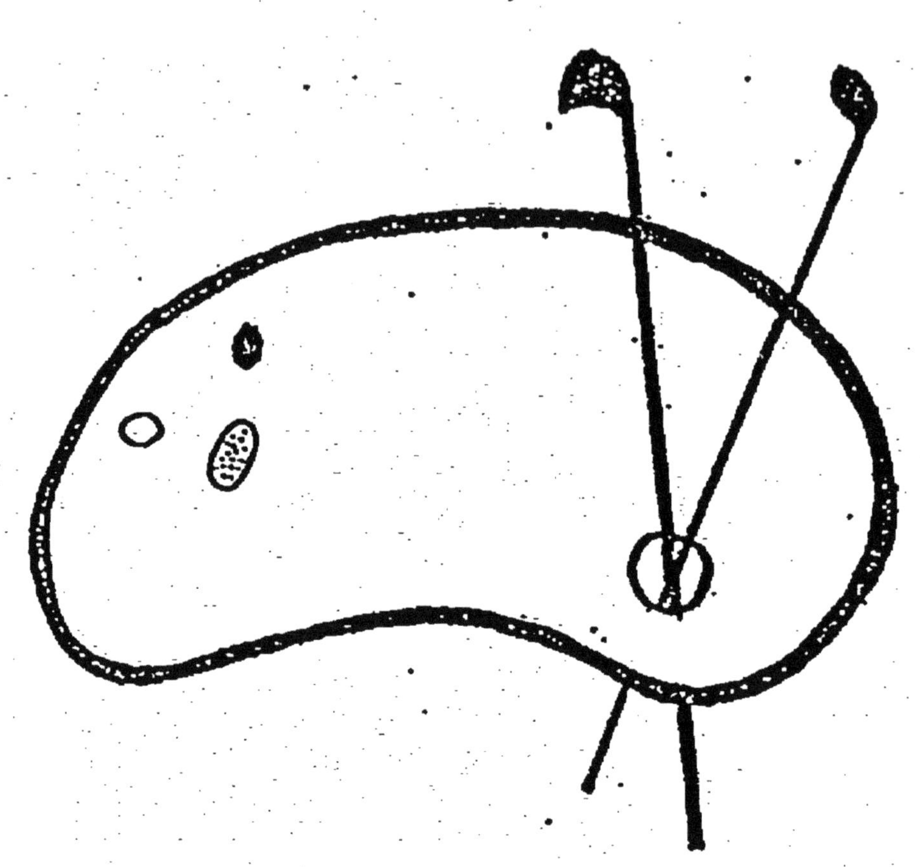

ORIGINAL EN COULEUR
NF Z 43-120-8

www.ingramcontent.com/pod-product-compliance
Ingram Content Group UK Ltd.
Pitfield, Milton Keynes, MK11 3LW, UK
UKHW022310070726
13614UKWH00002B/657